彩图 7　仲恺花 1 号　　　彩图 8　花生果针形成和伸长

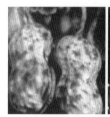

轻病株　　　　　重病株

彩图 9　花生根结线虫病病株

彩图 10　花生根结线虫病
病根和荚果

彩图 11　花生茎腐病病株　　彩图 12　田间花生青枯病病株

早期　　　　　　　晚期

彩图 13　花生褐斑病病叶

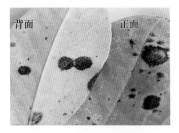

背面　　　　　正面

彩图 14　花生黑斑病病叶　　　　彩图 15　花生网斑病病叶

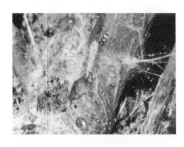

彩图 16　花生根腐病的根部　彩图 17　花生白绢病病茎及地面菌丝层

彩图 18　花生白绢病病叶病茎及　　　彩图 19　花生菌核病
　　　　地面菌丝层

彩图 20　花生锈病危害叶片中期症状

彩图 21　花生黄曲霉病果

彩图 22　蛴螬

彩图 23　沟金针虫

彩图 24　沟金针幼虫

彩图 25　细胸金针虫幼虫和成虫

彩图 26　花生蚜虫

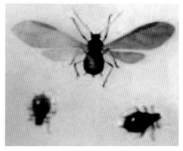

彩图 27　花生蚜虫成虫与幼虫

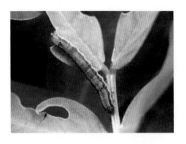

彩图 28　棉铃虫幼虫

彩图 29　棉铃虫成虫

彩图 30　花生小菜蛾幼虫

彩图 31　花生小菜蛾成虫

彩图 32　花蓟马成虫

彩图 33　花生田间马唐

花生高效栽培

沈雪峰　陈勇　编　著

机械工业出版社

本书内容包括花生主要栽培品种、花生的生长发育特点、花生高效栽培技术、花生病虫草害防治、花生的收获与储藏及种植实例，内容翔实，技术先进，可操作性强，力求使广大种植户、技术推广人员一读就懂，一看就会。同时坚持实际、实用原则，着眼于简明易学、通俗易懂，以解决当前我国花生科学技术应用的问题，使先进实用技术真正转化为现实生产力。

本书可以供广大种植户、技术推广人员使用，也可作为大中专院校相关专业师生的参考用书。

图书在版编目（CIP）数据

花生高效栽培/沈雪峰，陈勇编著. —北京：机械工业出版社，2014.6
（2021.8 重印）
（高效种植致富直通车）
ISBN 978-7-111-46751-9

Ⅰ.①花… Ⅱ.①沈…②陈… Ⅲ.①花生–栽培技术 Ⅳ.①S565.2

中国版本图书馆 CIP 数据核字（2014）第 100817 号

机械工业出版社（北京市百万庄大街 22 号 邮政编码 100037）
总 策 划：李俊玲 张敬柱 策划编辑：高 伟 郎 峰
责任编辑：高 伟 郎 峰 李俊慧 版式设计：常天培
责任校对：炊小云 责任印制：张 博
保定市中画美凯印刷有限公司印制
2021 年 8 月第 1 版第 5 次印刷
140mm×203mm · 4.125 印张 · 2 插页 · 103 千字
标准书号：ISBN 978-7-111-46751-9
定价：25.00 元

电话服务 网络服务
客服电话：010-88361066 机 工 官 网：www.cmpbook.com
010-88379833 机 工 官 博：weibo.com/cmp1952
010-68326294 金 书 网：www.golden-book.com
封底无防伪标均为盗版 机工教育服务网：www.cmpedu.com

序

　　园艺产业包括蔬菜、果树、花卉和茶等，经多年发展，园艺产业已经成为我国很多地区的农业支柱产业，形成了具有地方特色的果蔬优势产区，园艺种植的发展为农民增收致富和"三农"问题的解决做出了重要贡献。园艺产业基本属于高投入、高产出、技术含量相对较高的产业，农民在实际生产中经常在新品种引进和选择、设施建设、栽培和管理、病虫害防治及产品市场发展趋势预测等诸多方面存在困惑。要实现园艺生产的高产高效，并尽可能地减少农药、化肥施用量以保障产品食用安全和生产环境的健康离不开科技的支撑。

　　根据目前农村果蔬产业的生产现状和实际需求，机械工业出版社坚持高起点、高质量、高标准的原则，组织全国 20 多家农业科研院所中理论和实践经验丰富的教师、科研人员及一线技术人员编写了"高效种植致富直通车"丛书。该丛书以蔬菜、果树的高效种植为基本点，全面介绍了主要果蔬的高效栽培技术、棚室果蔬高效栽培技术和病虫害诊断与防治技术、果树整形修剪技术、农村经济作物栽培技术等，基本涵盖了主要的果蔬作物类型，内容全面，突出实用性，可操作性、指导性强。

　　整套图书力避大段晦涩文字的说教，编写形式新颖，采取图、表、文结合的方式，穿插重点、难点、窍门或提示等小栏目。此外，为提高技术的可借鉴性，书中配有果蔬优势产区种植能手的实例介绍，以便于种植者之间的交流和学习。

　　丛书针对性强，适合农村种植业者、农业技术人员和院校相关专业师生阅读参考。希望本套丛书能为农村果蔬产业科技进步和产业发展做出贡献，同时也恳请读者对书中的不当和错误之处提出宝贵意见，以便补正。

中国农业大学农学与生物技术学院

2014 年 5 月

前　言

　　花生是我国主要的油料作物之一，具有抗旱、耐瘠、适应性强等优点，其根瘤菌可以固氮，在作物轮作制中占有重要位置。同时，花生耐肥，增产潜力大，春、夏花生均培创出大面积 7500kg/公顷的高产田，最高产量达 11194.5kg/公顷（山东蓬莱）。

　　近几年来，随着花生种植面积逐年扩大，传统的种植方法和栽培技术已不适应当前生产的需要，严重阻碍了花生产量的提高，科学管理与高效栽培成为提高花生产量的关键。

　　为了实现花生的高产高效栽培，编者根据生产和教学经验，整合花生栽培的新技术与新方法，撰写了本书。其内容主要包括花生主要栽培品种、花生的生长发育特点、花生高效栽培技术、花生病虫草害防治、花生的收获与储藏及种植实例等。本书内容翔实，通俗易懂，着眼于简明易学，可以供广大种植户、技术推广人员使用，也可作为大中专院校相关专业师生的参考用书。

　　需要特别说明的是，本书所用药物及其使用剂量仅供读者参考，不可照搬。在生产实际中，所用药物学名、常用名和实际商品名称有差异，药物浓度也有所不同，建议读者在使用每一种药物之前，参阅厂家提供的产品说明以确认药物用量、用药方法、用药时间及禁忌等。

　　在本书编写过程中，编者参阅了花生栽培相关的书籍和文献资料，参考引用了专家学者的一些研究成果，在此表示感谢。由于水平有限，加之时间紧迫，书中难免有疏漏之处，敬请广大读者提出宝贵意见。

编　者

目　录

第四章　花生高效栽培技术

第五章　花生病虫草害防治

第六章　花生的收获与储藏

第七章　花生高效栽培实例

附录　常见计量单位名称与符号对照表

参考文献

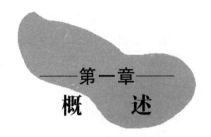

第一章

概　述

第一节　花生的生产价值

花生（Peanut）又名落花生，俗称万寿果、长寿果、千岁果等，在当代被誉为"干果之王"，是豆科一年生草本植物落花生的种子。花生作为人民生活中重要的优质植物油脂和蛋白质来源，在国民经济和社会发展中占有重要地位。

一　食用价值

作为油料作物，花生仁的含油量在50%左右，出油率在40%以上，仅次于芝麻（芝麻的含油量平均为54%，出油率在48%左右），高于油菜、大豆。花生油品质好、气味清香、香味纯正、淡黄透明，而且营养丰富（20%的饱和脂肪酸为热量源，80%的不饱和脂肪酸是人体不可缺少的营养物质）。其中油酸（Oleicacid）含量为34%～68%、亚油酸（Linoleicacid）含量为19%～43%，两者共占80%。油酸和亚油酸的比率（简称O/L比率）变幅为0.78～3.50。一般认为O/L比率是油质稳定性的指示值，国际贸易中把O/L比率作为花生及其制品耐储藏性的指标。油亚比是食品营养品质的重要指标，兼顾营养价值和耐储藏性，O/L比率一般以1.4～2.5为宜。

二　保健价值

花生油属高级保健营养食用油，富含不饱和脂肪酸（80%左右），可降低人体血液中的胆固醇。花生仁含蛋白质24%～36%，仅次于大豆，可消化率为 92% ~ 95%，易被人体吸收利用。其含碳水化合物 6% ~ 23%，纤维素 2%，富含维生素 E、B_1、B_2、B_6、C，叶酸，抗衰老物质白藜芦醇及钙、磷、铁等。花生性温，具有健脾和胃、润肺化痰、开胃醒脾、益气止血的功效，有益于心、脑血管的保健，可降血压与血脂、预防血管硬化、降低心脏病危险、防治脂肪肝。

三 饲料价值

花生油粕中蛋白质含量高达 50% 以上，是优质的精饲料。花生叶片内粗蛋白质含量约 20%，茎内约 10%，并含丰富的钙和磷。花生果壳中含 70% ~ 80% 的纤维素、16% 的戊糖、10% 的半纤维素、4% ~ 7% 的蛋白质，也是良好的饲用原料。

四 经济价值

我国花生品质优良，在国际市场上具有较强的竞争力，常年出口量为 30 万 ~ 50 万吨，约占世界贸易的 1/3，居世界第一。大花生出口品种主要有花育 17 号、鲁花 10 号等（以果为主，O/L 比率在 1.4 左右）；小花生出口代表品种为白沙 1016（以花生米为主，O/L 比率在 1.0 左右）。

五 药用价值

花生茎叶、果壳、种皮、籽仁都具有较高的药用价值。花生的种皮（红衣）含有大量的凝血脂类，能促进骨髓制造血小板，缩短出血、凝血时间，有良好的止血作用，已用于生产"血宁"，花生壳的内含物具有降血压、降血脂等功效。

据美国宾夕法尼亚大学 Kris-Etherton 教授研究，长期食用花生油及花生制品患心血管疾病的概率会减少 21%。美国科学家在花生中发现了大量的白藜芦醇，花生根中白藜芦醇的含量是葡萄酒的 10 至数百倍。白藜芦醇对于治疗心血管疾病、抗癌等方面具有重大意义。同时，美国卫生机构建议中老年人多吃花生制品，能够预防老年性痴呆。

最近，我国预防医学科学院发布的食物成分表显示，每百克花生油中锌元素含量高达 8.48mg，是色拉油的 37 倍，菜籽油的 16 倍，豆油的 7 倍。

第二节　国内外花生生产概况

南美洲中部是花生属植物和栽培花生的起源地。一般认为，世界上其他地区的花生皆为 1492 年哥伦布发现新大陆之后由南美传出；但在此之前花生已传至亚洲或非洲的可能性也不能排除。

一 世界花生的生产概况

目前，世界上种植花生的国家有 100 多个，主要分布在南纬 40°~北纬 40°之间的热带半干旱地区，亚热带和温带的湿润、半湿润地区。主要集中在两类地区：一是南亚和非洲的半干旱热带，包括印度、塞内加尔、苏丹等，种植面积约占世界总种植面积的 80%，花生产量约占世界总产的 65%。另一类是东亚和美洲的温带半湿润季风带，包括中国、美国、阿根廷，种植面积约占世界总种植面积的 20%，花生产量约占世界总产的 35%。

2012 年全球花生种植面积约为 2183 万公顷。据美国农业部数据显示，2000~2012 年全球年均花生种植面积为 2300 万公顷，平均荚果单产为 1586.80kg/公顷，年均总产 3700 万吨。印度、中国和尼日利亚是世界三大花生生产国，在种植面积和总产量上都保持了领先的地位（表 1-1），而美国花生单产最高。

表 1-1　2012 年花生种植面积前十的国家

国家	面积/万公顷	产量/万吨	单产/（吨/公顷）
印度	500	500	1.00
中国	470	1650	3.51
尼日利亚	125	155	1.24
苏丹	100	85	0.85
缅甸	90	145	1.61
塞内加尔	83	75	0.90
印度尼西亚	68	115	1.69
美国	65	306	4.71

概　述　第一章

（续）

国家	面积/万公顷	产量/万吨	单产/（吨/公顷）
刚果（金）	48	37	0.77
加纳	47	44	0.94

注：本表引自美国农业部的数据。

二 中国花生的生产概况

近年来，我国花生种植面积常年在 450 万公顷，居世界第二位。花生单产 2500 ~ 3000kg/公顷，总产 1500 万吨，居世界第一位。全国花生种植区域广泛，除西藏、青海等省区外都有种植，主要集中在三大产区：一是以山东、河南、河北、安徽及江苏北部为主的黄河流域花生区；二是以广东、广西、福建、海南及台湾为主的东南沿海花生区；三是以四川、湖北、湖南为主的长江流域春、夏花生区。

近几年，河南省花生播种面积稳定在 100 万公顷左右，总产 410 ~ 430 万吨。山东省花生播种面积在 80 万公顷左右，总产为 330 ~ 340 万吨，年出口量 30 万吨左右。辽宁省花生播种面积增长较快，2012 年已超过 37 万公顷，总产达到 116.54 万吨。河北、广东花生播种面积均超过 30 万公顷，近 3 年花生种植面积名列前 10 位的省（自治区）见表 1-2。

表 1-2　近 3 年花生种植面积和产量前十的省（自治区）

年　份	省（自治区）	面积/万公顷	产量/万吨
2010 年	河南	97.54	412.56
	山东	77.48	330.89
	河北	38.97	133.99
	广东	32.21	83.63
	辽宁	26.06	53.47
	四川	25.63	60.10
	湖北	18.37	62.62
	安徽	18.09	75.09
	广西	16.08	39.82
	江西	14.64	38.20

（续）

年　份	省（自治区）	面积/万公顷	产量/万吨
2011 年	河南	98.95	427.61
	山东	80.50	339.04
	河北	36.74	129.23
	辽宁	33.24	96.15
	广东	32.85	87.13
	四川	25.93	61.53
	安徽	19.46	86.40
	湖北	18.93	64.45
	广西	17.03	43.50
	江西	15.24	40.80
2012 年	河南	101.06	429.79
	山东	79.71	338.59
	辽宁	37.71	116.54
	河北	36.02	128.92
	广东	33.44	90.85
	四川	25.86	62.75
	湖北	19.22	68.74
	安徽	18.89	84.34
	广西	17.95	47.46
	江西	15.79	43.75

注：本表引自《2012 中国统计年鉴》。

———第二章———
花生主要栽培品种

第一节　　花生栽培品种类型

花生栽培类型可分为普通型、龙生型、多粒型和珍珠豆型 4 类。其主要特征特性见表 2-1。

表 2-1　花生栽培类型的特征特性

类　　型	普通型	龙生型	珍珠豆型	多粒型
荚果形状	普通型	曲棍形	葫芦形	串珠形
荚果龙骨	无	明显	无	无
荚果缢缩	无或浅	有、深	有或无	不明显
果壳	平滑、厚、网纹浅	较薄，网纹深	薄，网纹浅	厚，网纹浅平
荚果果嘴	近无或圆钝	大、尖、弯	不明显	近无
荚果空腔	大	无或小	小	小
荚果大小	大	小	小~中	中
每荚仁数	多两粒荚	多 3~4 粒荚	大多两粒荚	多 3~4 粒荚
种子形状	椭圆形	圆锥形	近圆形	不规则
种子大小	大	小	小~中	中
种子皮色	淡红、褐	暗褐、花斑	白粉、红	红、红紫、白粉

类　型	普通型	龙生型	珍珠豆型	多粒型
种子表面	光滑	凹陷、棱角	光滑	光滑
茎枝茸毛	不明显	密且长	不明显	不明显
茎枝花青素	无或不明显	有	无或不明显	深
生长习性	直立、丛生、半蔓生、匍匐，分枝多	蔓生，分枝多，有3次以上分枝	直立，分枝少	直立，分枝少，茎粗，较高，后期倾倒
叶片	倒卵形，中大，浓绿	短扇形至倒卵形，小，灰绿色，茸毛密	近圆形，较大，淡绿	长椭圆形，大
缺钙反应	敏感	—	不敏感	不甚敏感
耐旱性	强	强	较弱	较弱
发芽适温	18℃	15~17℃	12~15℃	12℃左右
开花、成熟期	中、晚、极晚	晚、极晚	早	早或特早

注：本表引自出版于2011年的《现代作物栽培学》。

第二节　主要优良品种介绍

一　大花生品种

1. 豫花15号

【特征特性】　该品种属于早熟大粒型花生品种，春播地膜覆盖生育期为128~131天，直立疏枝型，连续开花，出苗整齐，叶椭圆形，深绿色。苗期长势强，后期不早衰，植株较矮，抗倒伏，主茎高34.0~40.5cm，侧枝长36.9~42.0cm，有效枝长7.0~20.4cm，分枝数7~8条，结果枝数5~6条，单株饱果数13个，饱果率79.7%，单株生产力21.0g。荚果普通型，百果重210.8g，百仁重99.3g，籽仁椭圆形，种皮粉红色，出仁率73.9%~77.4%。抗旱性中等，抗枯萎病、锈病，中抗叶斑病。蛋白质含量25.10%，脂肪含量56.16%。

【产量表现】 该品种于1998～1999年参加全国（北方区）区域试验，平均亩产荚果249.2kg（1亩＝667m²），比鲁花9号增产13.95%；2000年参加全国（北方区）生产试验，平均亩产荚果316.6kg，比对照增产12.94%。

【栽培技术要点】 春播花生在4月下旬或5月上旬播种。播种密度为1万～1.1万穴/亩，每穴2粒，高肥水条件下0.9万穴/亩。加强田间管理，注意苗期病虫害防治；中期应看苗管理促控结合，高产田块要谨防旺长倒伏（一般在盛花后期每亩喷施50～100mg/kg的多效唑溶液40～50kg）；后期注意养根护叶，及时通过叶面喷肥补充营养，并加强叶部病害防治；成熟后及时收获，谨防田间发芽。

【适宜区域】 该品种适宜河南、安徽淮北地区、辽宁南部、山西太原、山东胶东地区春播种植，河南南部光热资源充足的地区也可夏播种植。

2. 豫花9326

【特征特性】 该品种属于中间型品种，生育期为130天左右。直立疏枝，叶片浓绿色，椭圆形，较大；连续开花，主茎高39.6cm，侧枝长42.9cm，总分枝8～9条，结果枝7～8条，单株结果数10～20个；荚果为普通型，果嘴锐，网纹粗深，百果重213.1g；籽仁椭圆型，种皮粉红色，百仁重88g，出仁率在70%左右。籽仁蛋白质含量22.65%，粗脂肪含量56.67%，油酸含量36.6%，亚油酸含量38.3%。2003～2004年由河南省农科院植保所进行抗性鉴定：网斑病发病级别为0～2级，抗网斑病（按0～4级标准）；叶斑病发病级别为2～3级，抗叶斑病（按1～9级标准）；锈病发病级别为1～2级（按1～9级标准），高抗锈病；病毒病发病级别为2级以下，抗病毒病。2004年由我国农业部农产品质量监督检验测试中心（郑州）检测：籽仁蛋白质含量22.65%，粗脂肪含量56.67%，油酸含量36.6%，亚油酸含量38.3%。

【产量表现】 该品种于2002年参加全国北方区区域试验，平均亩产荚果301.71kg、籽仁211.5kg，分别比对照鲁花11号增产5.16%和0.92%，荚果、籽仁分别居9个参试品种的第2和第4位；

2003 年续试，平均亩产荚果 272.1kg、籽仁 189.1kg，分别比对照鲁花 11 号增产 7.59% 和 7.43%，荚果、籽仁分别居 9 个参试品种的第 2 和第 3 位；2004 年参加全国北方区花生生产试验，平均亩产荚果 308.0kg、籽仁 212.8kg，分别比对照鲁花 11 号增产 12.7% 和 11.2%，荚果、籽仁分别居 3 个参试品种的第 1 和第 2 位。2006 年参加河南省麦套组生产试验，平均亩产荚果 280.81kg、籽仁 192.73kg，分别比对照豫花 11 号增产 8.59% 和 5.65%，荚果、籽仁分别居 7 个参试品种的第 2 和第 4 位。

【栽培技术要点】 麦垄套种在 5 月 20 日左右；春播在 4 月下旬或 5 月上旬。播种密度为 1 万穴/亩左右，每穴 2 粒，高肥水地可种植 9000 穴/亩左右，旱薄地可增加到 1.1 万穴/亩左右。麦收后要及时中耕灭茬，早追肥（每亩尿素 15kg），促苗早发；高产田块要抓好化控措施，在盛花后期或植株长到 35cm 以上时喷施 100mg/kg 的多效唑，防旺长倒伏；后期应注意旱浇涝排，适时进行根外追肥，补充营养，促进果实发育充实。

【适宜区域】 该品种适宜在河南全省花生产区各条件下种植。

3. 豫花 9327

【特征特性】 直立疏枝型，生育期为 110 天左右，连续开花，荚果发育充分，饱果率高，幼茎为绿色，主茎高 33 ~ 40cm，叶片椭圆形，灰绿色，较大，株型直立疏枝，结果枝数 6 ~ 8 条。荚果斧头形，前室小，后室大，果嘴略锐，网纹粗、浅，结果数每株 20 ~ 30 个，百果重 170g，出仁率 70.4%，籽仁三角形，种皮粉红色、表面光滑，百仁重 72g（彩图 1）。

【产量表现】 该品种于 2000 年参加河南省区域试验，平均亩产荚果 214.72kg，亩产籽仁 147.72kg，分别比对照豫花 6 号增产 19.19% 和 13.94%，2001 年续试，平均亩产荚果 262.47kg，亩产籽仁 190.02kg，分别比对照豫花 6 号增产 14.86% 和 11.55%，2002 年进行生产试验，平均亩产荚果 282.6kg，亩产籽仁 210.3kg，分别比对照豫花 6 号增产 13.4% 和 11.7%。

【栽培技术要点】 6 月 10 日以前播种，密度为 1.2 万穴/亩左右，每穴 2 粒，根据土壤肥力高低可适当增减。播种前施足底肥，苗期要及早追肥，生育前期及中期以促为主，花针期切忌干旱，生育后期注意养根护叶，及时收获。

【适宜区域】 该品系适宜于河南全省花生产区各类条件下种植，并可辐射到安徽、山东、河北等邻近省份。

4. 丰花 1 号

【特征特性】 该品种为普通型大花生，生长势较强，生育期为133 天左右，主茎高 44.7cm，侧枝长 49.8cm，总分枝平均 9.4 条，叶倒卵形，连续开花，单株结果平均 16.5 个，单株生产力 24.1g，百果重 240.8g，百仁重 98.4g，千克果数 547.6 个，千克仁数 1235.8 个，出仁率 71.0%。2000 年统一取样测定品质，结果为粗蛋白质含量 23.0%，粗脂肪含量 49.9%，O/L 比率为 1.11。抗叶斑病、锈病，落叶晚，耐重茬性能好。抗旱、耐瘠、耐肥、耐涝、耐盐碱。收获期一般不烂果。适宜高肥地、丘陵旱地、微碱地栽培。适宜春播和夏直播盖膜、麦田套种等多种种植方式。尤其适合高产栽培。经山东进出口商品检验局检验符合大花生果、仁出口要求，可加工7/9 出口花生果，24/28 出口花生仁。

【产量表现】 耐肥水，耐密植，地上生长与地下生长协调，特别抗倒伏。结果性能好，大田常规密度栽培，单穴结果数最高达到110 个。荚果充实性好，饱果率在 90% 以上。果数 450～550 个/kg。高产潜力亩产 700kg 以上。高产示范田亩产达到 662kg。

【栽培技术要点】 该品种适宜春播、夏直播盖膜、麦田套种等种植形式。适宜播种密度为 7000～10000 穴/亩，每穴 2 粒。施肥以磷肥为主，氮肥为辅。后期注意防治叶斑病。因后期保叶性能好，应根据荚果发育进程及时收获。

【适宜区域】 该品种可在山东省作为普通型大花生品种推广利用，也可在河南、江苏北部，安徽北部等花生区种植。

5. 花育 19 号

【特征特性】 该品种属于早熟直立型大花生，春播生育期为130 天左右，夏播为 100 天左右。疏枝型，主茎高 48.0cm，侧枝长49.8cm，总分枝 7～9 条，结果枝 6 条左右，单株结果数平均 13.37 个，株丛矮且直立，紧凑，节间短，抗倒伏，叶色浓绿，连续开花，开花量大，结实率高，双仁果率一般占70%以上，果柄短，不易落果，荚果普通型，百果重251.4g，百仁重96.36g，出仁率70.0%左右。粗脂肪含量45.94%；蛋白质含量22.9%，O/L比率为1.68，均与对照鲁花11号相当。对根腐病、黄花叶病毒病、棉铃虫、叶斑病的抗性比对照鲁花11号强，抗倒伏性强（彩图2）。

【产量表现】 该品种于2000～2001年参加全国北方区试验，平均亩产荚果295.4kg，比对照鲁花11号增产9.0%。籽仁209.7kg，较对照鲁花11号增产7.7%。2001年进行生产试验，平均亩产荚果307.5kg，籽仁218.6kg，分别较对照鲁花11号增产8.3%和8.0%。

【栽培技术要点】 ①早播，适时收获，以充分发挥该品种后期绿叶保持时间长、不早衰的特点。②株型直立，紧凑，分枝少、结果集中，适于密植，春播每亩10000穴，夏播每亩11000～12000穴，每穴均播2粒。③在施肥上应施足基肥，看苗追肥，确保苗齐壮。④及时加强田间管理，注意防旱排涝。⑤及时喷药防治虫害。

【适宜区域】 该品种符合全国农作物品种审定标准并审定通过，适宜在山东、河南、河北、安徽淮北和江苏北部地区种植。

6. 潍花8号

【特征特性】 该品种为疏枝型早熟大花生，株型直立，叶色深绿，结果集中。生育期为129天左右，抗旱性较强，抗病性中等，耐涝性一般。主茎高41.3cm，侧枝长46.6cm，总分枝7条，单株结果平均13.8个。品种属中间型，荚果普通型，籽仁椭圆形，种皮粉红色，内种皮淡黄色，百果重228.3g，百仁重95.9g，千克果数598个，千克仁数1192个，出仁率74.1%。脂肪含量47.5%、蛋白质含量23.2%、油酸含量50.49%、亚油酸含量31.53%，O/L比率为1.60。

【产量表现】 该品种于2000～2001年参加山东省区试，平均亩产荚果346.66kg、籽仁256.69kg，分别比鲁花11号增产13.0%和14.41%，居参试品种第1位；2002年在山东省进行生产试验，平均亩产荚果376.89kg、籽仁281.47kg，分别比鲁花11号增产10.1%和12.51%。2002～2003年参加全国（北方片）区试，果、仁分别比鲁花11号增产8.67%和15.84%；生产试验，果、仁分别比鲁花11号增产9.67%和13.45%，均居第1位。2003～2004年在辽宁省进行多点试验，平均亩产365.5kg，比对照白沙1016（亩产260.3kg）增产38.5%。各地试验、示范推广实践证明，该品种一般亩产400kg左右，高产潜力亩产650kg以上。

【栽培技术要点】 该品种适宜在中上等肥力排灌条件良好的生茬地种植。春播、夏直播覆膜、麦田套种均可，春播适宜密度为每亩9000穴左右，夏播每亩11000穴左右，注意防治叶斑病。其他管理同一般大田，成熟后及时收获。

【适宜区域】 该品种可以在山东省全省适宜地区作为大花生品种推广利用。

7. 山花7号

【特征特性】 该品种属于普通型大花生品种。生育期为129天左右，株型紧凑，疏枝型，连续开花，抗倒伏性一般，主茎高39cm，侧枝长43.4cm，总分枝9条；单株结果15个，单株生产力20.6g，荚果普通型，籽仁椭圆形，种皮粉红色，内种皮浅黄色，百果重236.3g，百仁重97.6g，千克果数627个，千克仁数1258个，出仁率73.4%。种子休眠性强，抗旱性强，耐涝性中等，中抗叶斑病。2004年取样经农业部食品监督检验测试中心（济南）品质分析（干基）：蛋白质含量24.6%，脂肪含量50.3%，水分含量5.2%，油酸含量45.3%，亚油酸含量32.7%，O/L比率为1.47。

【产量表现】 该品种于2004～2005年参加山东省大花生品种区域试验，亩产荚果329.5kg、籽仁237.9kg，分别比对照鲁花11号增产10.5%和12.0%；在2006年的生产试验中，亩产荚果329.8kg、籽仁241.0kg，分别比对照鲁花11号增产11.7%和12.3%。

【栽培技术要点】 该品种适宜密度为每亩8000～10000穴，每穴播2粒。注意进行化控防倒伏。其他管理措施同一般大田。

【适宜区域】 该品种可以在山东省全省适宜地区作为春直播或麦田套种花生品种推广利用。

8. 青花7号

【特征特性】 该品种属于普通型大花生品种。荚果普通型，网纹清晰，果腰较浅，籽仁椭圆形，种皮粉红色，内种皮白色。区域试验结果：春播生育期为 125 天左右，主茎高 41cm，侧枝长 45cm，总分枝 9 条；单株结果 15 个，单株生产力 20.6g，百果重 210.4g，百仁重 90.4g，千克果数 573 个，千克仁数 1284 个，出仁率 71.5%；抗病性中等。2007 年经农业部食品质量监督检验测试中心（济南）品质分析：蛋白质含量 20.4%，脂肪含量 46.8%，油酸含量 41.2%，亚油酸含量 35.0%，O/L 比率为 1.2。2007 年经山东省花生研究所抗病性鉴定：网斑病病情指数 60.8，褐斑病病情指数 9.3。

【产量表现】 该品种在 2007～2008 年参加山东省花生品种大粒组区域试验，两年平均亩产荚果 333.0kg、籽仁 238.5kg，分别比对照丰花 1 号增产 4.6% 和 7.8%；2009 年的生产试验中，平均亩产荚果 369.9kg、籽仁 269.8kg，分别比对照丰花 1 号增产 10.8% 和 14.0%。

【栽培技术要点】 该品种适宜密度为每亩 9000～10000 穴，每穴 2 粒；生长中后期注意防止植株徒长。其他管理措施同一般大田。

【适宜区域】 该品种在山东省全省适宜地区作为春播大花生品种种植利用。

9. 冀花 4 号

【特征特性】 该品种疏枝普通型中小果花生品种，株型直立，株高 35～45cm，总分枝 8～9 条，茎枝节间密，叶片椭圆形、绿色且小而厚，连续开花。荚果普通型，网纹中浅，果嘴微钝，单株结果 15 个以上，饱果率 72.3%，百果重 187g，百仁重 80g，种皮粉红色，出仁率 75.6%，春播生育期 120～130 天，夏播 110～115 天。经农业部油料及制品监督检验中心连续 3 年检测，平均脂肪含量 57.65%（彩图 3）。

【产量表现】 该品种在 2003～2004 年参加全国北方花生区试，荚果比对照鲁花 12 号亩增 13.6%，籽仁增 16%；在河北省春花生区试中，荚果平均亩产 350.6kg，籽仁 254.9kg，分别比对照冀花 2 号增产 13.9% 和 19.6%；2005 年参加生产试验，鹿泉市 3502 农场试点，采用地膜春播、露地春播、麦套、夏直播 4 种种植方式，每种种植方式平均亩产荚果均在 400kg 左右。2004～2005 年在河北省大名县采用地膜春花生和麦套花生两种栽培方式，地膜春花生平均亩产荚果430kg，比鲁花9号增产18%，较冀油4号增产15%；麦套花生平均亩产荚果305kg，比对照鲁花9号增产16%。

【栽培技术要点】

1）该品种适宜种植在土层深厚、土质疏松、肥力较高的沙壤土大田中。

2）春花生覆膜栽培。4月中旬为该品种春季覆膜栽培的适宜播期，播前掌握"重基轻追"的原则，施足基肥，精细播种，按常规方法进行起垄、播种、覆膜，然后在播穴膜上压5cm厚的小土堆，待幼芽长出地膜0.5cm时，将土堆摊成直径为20cm、厚1cm的土层，这种方法一方面可把子叶节提升到地膜以上，另一方面等到大批果针下扎时，迎接果针入土，据试验可增产20%左右。亩用种15kg，密度为10000穴，每穴2粒。苗期适当控水蹲苗，促进有效花、果生长发育。生长期间视田间墒情浇水；盛花期用比久或多效唑化控，防止徒长；后期可单用磷酸二氢钾或尿素等叶面肥喷洒，也可和对路杀菌、杀虫剂混合喷洒，延长叶片功能，防早衰，治病杀虫。

3）麦套栽培。麦套花生栽培与春花生覆膜不同，由于在麦垄间直播，播前肥料不能基施，因此小麦播前必须施足基肥，一次施肥两季用，5月下旬播种，亩植12000穴，每穴3粒。小麦收获后及早灭茬，结合灭茬亩追花生专用肥10kg，追后浇水，同时进行化学除草。迎针期结合中耕培土亩施普钙10kg、尿素8kg，促荚果饱满，其他管理措施同常规。

【适宜区域】 该品种可以在河北省及周边地区春播、麦套、夏播。

10. 湘花2008

【特征特性】 该品种属于中间型、中早熟品种。湖南春播生育期121～139天。株型直立，株高23～53cm，侧枝长23～62cm，茎粗中等，分枝6.5～9.0条。叶片椭圆形，叶色绿。单株平均总果数14.3个，单株平均饱果数9.9个，单株平均生产力23.97g。荚果为普通型大果，果嘴微突，背脊不明显，网纹浅，壳薄。籽仁长椭圆形，种皮粉红色，有光泽，无裂纹，无油斑。百果重190～220g，百仁重 80～106g，出仁率 72.5%～78.1%。种子休眠性中等，抗倒性强，抗旱中强，耐涝性强，在酸性、瘠薄红壤旱地具有良好适应性。叶部病害轻，高抗叶斑病，中抗焦斑病、锈病；根茎部病害轻，抗白绢病、立枯病。经检测：油分含量 50.24%，油酸含量 46.4%，亚油酸含量 33.7%，O/L 比率为 1.38，蛋白质含量 28.94%。

【产量表现】　该品种于 2007～2008 年参加湖南省种子管理站组织的多点试验，荚果每亩平均产量 406.9kg，比长江流域主栽品种中花 4 号增产 19.4%，居首位。2008 年湖南省种子管理站组织专家在长沙县进行现场鉴定，表现超强丰产性能，平均产荚果 619.2kg，增产极显著。2010～2011 年参加国家级长江流域 13 个省区域试验，两年每亩平均产量 302.31kg，比对照中花 15 增产 6.71%，籽仁产227.05kg，比对照增产 9.77%，成为产量最高的冠军品种。在湘北的桃源县、安化县，湘中的邵东县、邵阳县，湘南的道县、蓝山县等地进行生产示范，经测产验收一般每亩产量 300kg，高者超 420kg，具有 500kg 的产量潜力，比当地品种增产 30%～100%，属于超高产品种。

【栽培技术要点】　在酸性红壤旱地，须施足有机肥和磷、钾肥，适度施氮肥，肥料以一次性基施为宜，不提倡追施氮肥，适量补施钙（石灰）、钼、硼、镁肥等。在平原、河流冲积土地区等肥沃耕地，可适当减施肥料。高产栽培一般每亩施腐熟农家肥 1000～1500kg，配合施磷肥 40～50kg、尿素和氯化钾各 10kg，或另加施复合肥 25～30kg。在生育前期，加强开沟排水，防止湿涝害，采取种衣剂拌种或者喷施农药，防治地下害虫，保证一播全苗和壮苗，并注意及时除草；在生育中后期，加强叶部病虫防治，注意抗旱，叶面施肥，适时收获。

【适宜区域】　该品种可以在长江流域，包括湖南、湖北南部、江西北部等进行种植。可用于丘陵山地、旱坡地的高效种植，也可在茶园、油茶林、稀疏矮秆经济林间套种。

二　小花生品种

1. 远杂 9102

【特征特性】　该品种属于珍珠豆型，夏播生育期 100 天，符合出口要求。植株直立疏枝，株高 30 ~ 35cm，侧枝长 34 ~ 38cm，总分枝 8 ~ 10 条，结果枝 5 ~ 7 条，叶片宽椭圆形，微皱，深绿色，中大；荚果茧形，果嘴钝，网纹细深，百果重 165g 左右；种皮粉红色，桃形，有光泽，百仁重 66g，出仁率为 73.8% 左右。蛋白质含量为 24.15% 左右，含油量为 57.4% 左右。该品种高抗花生青枯病，抗叶斑病、锈病、网斑病和病毒病。

【产量表现】 该品种在 1999 ~ 2000 年参加全国花生区试，1999 年平均亩产荚果 247.8kg，籽仁 191.5kg，分别比对照品种中花 4 号增产 6.9% 和 14.5%。2000 年河南省 11 个点平均亩产荚果 271.06kg，籽仁 209.5kg，分别比对照中花 4 号增产 4.55% 和 12.1%。两年平均亩产荚果 263.7kg，籽仁 203.84kg，分别比对照中花 4 号增产 7.17% 和 14.9%。

【栽培技术要点】 每年 6 月 10 日左右播种。每亩 1.2 万 ~ 1.4 万穴，每穴 2 粒。播种前施足底肥，生育前期及时中耕，花针期切忌干旱，生育后期注意养根护叶，及时收获。

【适宜区域】 该品种符合全国农作物品种审定标准要求，审定通过。该品种适宜在河南、河北、山东、安徽等省种植。

2. 远杂 9307

【特征特性】 该品种属于珍珠豆型品种，夏播生育期 110 天左右。植株直立疏枝，一般主茎高 30cm 左右，侧枝长约 33cm，总分枝 8 ~ 9 条，结果枝平均约 6.5 条，单株结果数 11 ~ 14 个，叶片宽椭圆形，深绿色，中大；荚果茧形，果嘴钝，网纹细深，百果重 182.2g 左右；籽仁粉红色，桃形，有光泽，百仁重 74.9g 左右，出仁率 73.6% 左右。蛋白质含量 26.52%，脂肪含量 54.07%。该品种高抗青枯病，抗叶斑病、网斑病和病毒病。

【产量表现】 该品种于 2000 ~ 2001 年参加全国北方区花生区试。2000 年平均亩产荚果 203.02kg，籽仁 150.0kg，分别比对照白沙 1016 增产 7.62% 和 13.94%。2001 年平均亩产荚果 222.41kg，籽仁 163.1kg，分别比对照白沙 1016 增产 10.29% 和 14.34%。两年平均亩产荚果 212.71kg，籽仁 156.57kg，分别比对照白沙 1016 增产 9% 和 14.15%。2001 年在全国花生生产试验中，平均亩产荚果

248.65kg，籽仁 181.49kg，分别比对照白沙 1016 增产 10.94%和 15.93%。

【栽培技术要点】 播种一般不晚于 6 月 10 号。每亩 12000 ~ 14000 穴，以每穴 2 粒种子为宜。田间管理：生育前中期以促为主，播种前施足底肥或苗期及早追肥，及时中耕，花针期切忌干旱，生育后期注意养根护叶，及时收获。

【适宜区域】 该品种符合全国农作物品种审定标准，审定通过，适宜在河南、山东、河北、山西省及安徽省北部，江苏省北部种植。

3. 粤油 7 号

【特征特性】 该品种属于直立珍珠豆型品种，春植生育期 124 天。株型紧凑，株高中等、生长势强。主茎高 59.0cm，分枝性较好，单株分枝数平均 8.4 条。主茎叶数 17 片，叶片大小中等，叶色深绿。单株果数平均 17.2 个，饱果率 88.4%，双仁果率 75.5%，单仁果率 12.9%，百果重 232.0g。含油率 52.2%，粗脂肪含量 52.30%，蛋白质 26.61%，油酸 38.54%，亚油酸 40.96%。田间自然发病叶斑病 2 级、锈病 2.1 级。耐肥抗倒，抗锈病、青枯病能力较强（彩图 4）。

【产量表现】 该品种 2002 年参加广东省花生品种区域试验，荚果平均亩产 329.23kg，比对照汕油 523 增产 45.59kg，增产率 16.07%；2003 年参加复试，平均亩产 290.95kg，比对照增产 48.99kg，增产率 20.25%。两年平均亩产 310.09kg，比汕油 523 增产 18.00%。在 2001 ~ 2002 年度国家（南方区）花生区域试验中，干荚果平均亩产 286.83kg，比对照增产 28.55kg，增产率 11.05%，产量居同期区试参试品种第 1 位。2004 年通过广东省品种审定和全国花生品种鉴定。

【栽培技术要点】 防治青枯病，青枯病常发区不宜种植。春植在春分前后播种，秋植在立秋前后播种。每穴播 2 粒，每亩播种 1.8 万 ~ 2.0 万穴。株行距 30cm × 23cm。施足基肥，亩施有机肥 500 ~ 750kg，氯化钾 5kg 或复合肥 15 ~ 20kg，尿素 5kg 作基肥。视苗情追肥，苗弱可亩追施复合肥 10 ~ 15kg。开花后 25 天喷施多效唑，以 100mg/kg 为宜。播种后 3 天内喷施乙草胺除草剂。开花前中耕除草，有灌溉条件的可在开花前灌溉。结荚后期，如遇干旱，要及时灌水，灌水时间在傍晚灌至半沟水，第二天清晨把水排干。注意防治叶斑病。

【适宜区域】　适宜华南地区肥水条件中等以上的水旱轮作地春、秋季种植，适于在广东、广西、福建、江西省中南地区种植。

4. 粤油 13 号

【特征特性】　该品种属于珍珠豆型花生品种。春植生育期 126 天、秋植生育期 110 天。株高中等、直立、生长势强。主茎高 46.8 ~ 52.5cm，分枝长 50.4 ~ 54.9cm，总分枝数 7.5 ~ 8.2 条，有效分枝 5.9 ~ 6.1 条。主茎叶数 17.1 ~ 18.8 片，叶片大小中等，叶色深绿。单株果数 13.7 ~ 14.5 个，饱果率 78.5% ~ 84.7%，双仁果率 80.3% ~ 83.9%，百果重 192.9 ~ 198.7g，千克果数 303.8 ~ 311.8 个，出仁率 66.0%。含油率 52.4% ~ 53.2%，蛋白质含量为 26.6%。中感青枯病，田间表现中抗叶斑病，高抗锈病。耐旱性、抗倒性和耐涝性均较强（彩图 5）。

【产量表现】　该品种于 2004 年参加广东省区试，干荚果平均亩产 324.08kg，比对照汕油 523 增产 11.50%，增产极显著；2005 年复试，平均亩产 277.97kg，增产 14.88%，增产极显著。

【栽培技术要点】　不宜在花生连作田种植。每亩播 1.8 万 ~ 2.0 万株苗为宜。

【适宜区域】　适宜广东省非青枯病区春、秋季种植。

5. 汕油 188

【特征特性】　该品种属于珍珠豆型花生品种。株高中等，生长势强，叶片大小中等，叶色深绿。含油率 50.8% ~ 54.4%，蛋白质含量 25.3% ~ 27.02%。区试田间种植表现高抗叶斑病（2.3 ~ 2.6 级），高抗锈病（2.2 ~ 2.4 级）。青枯病人工接种鉴定为中抗。抗倒性、耐旱性和耐涝性均强（彩图 6）。

【产量表现】　该品种于 2006 年参加广东省区试，干荚果平均亩产 268.54kg，比对照汕油 523 增产 10.25%，增产达极显著水平，亩仁产量为 184.72kg，增产 9.83%，增产达极显著水平。2007 年复试，干荚果平均亩产 278.72kg，增产 8.35%，增产达极显著水平，亩仁产量为 185.55kg，增产 5.03%，增产达极显著水平。

【栽培技术要点】

1）春植种子 1.8 万 ~ 2.0 万穴/亩、秋植种子 2.0 万 ~ 2.2 万穴/亩，每穴播 2 粒。

2）增施优质土杂肥，早施追肥，及时排除田间积水。

3）苗期重点防治蚜虫、蓟马、叶蝉和浮尘子，中后期注意防治斜纹夜蛾和卷叶虫等。

【适宜区域】 适宜广东省水田与旱坡地春、秋季种植。

6. 仲恺花 1 号

【特征特性】 该品种属于珍珠豆型花生品种。全生育期春植 120 ~ 130 天、秋植 110 天左右。株高中等、生长势强。主茎高 46.5 ~ 51.9cm，分枝长 51.8 ~ 56.7cm，总分枝数 7.0 ~ 7.7 条，有效分枝 5.6 ~ 5.8 条。主茎叶数 17.4 ~ 18.8 片，叶片大小中等，叶色绿。单株果数 14.0 个，饱果率 79.2% ~ 85.1%，双仁果率 75.4% ~ 86.0%，百果重 172.4 ~ 179.6g，千克果数 332.2 ~ 362.6 个，出仁率 67.5% ~ 68.1%。含油率 48.9% ~ 54.6%，蛋白质含量为 25.4%。中抗青枯病，田间表现高抗锈病、中抗叶斑病。耐旱性、抗倒性和耐涝性均较强（彩图 7）。

【产量表现】 该品种于 2004 年参加广东省区试，干荚果平均亩产 314.85kg，比对照种汕油 523 增产 8.33%，增产极显著；2005 年复试，平均亩产 261.33kg，增产 8.0%，增产极显著。

【栽培技术要点】 春植苗 1.9 万 ~ 2.1 万穴/亩、秋植 2.1 万 ~ 2.3 万穴/亩，每穴播 2 粒。需肥量较大，应适当增施肥料。

【适宜区域】 适宜广东省各地水旱轮作田春、秋季种植。

7. 汕油 199

【特征特性】 该品种属于珍珠豆型花生品种。株高中等，生长势强，叶片大小中等，叶色绿。含油率 52.4% ~ 55.5%，蛋白质含量 24.1% ~ 26.58%。青枯病人工种鉴定为中感。区试田间种植表现高抗叶斑病（2.2 ~ 2.5 级）和锈病（2.1 ~ 2.2 级）。抗倒性、耐旱性和耐涝性强。

【产量表现】 该品种于 2006 年参加广东省区试，干荚果平均亩产 257.32kg，比对照种汕油 523 增产 5.65%，增产达极显著水平，亩仁产量为 180.90kg，增产 7.56%，增产达极显著水平。2007 年复试，干荚果平均亩产 282.02kg，增产 9.63%，增产达极显著水平，亩仁产量为 196.43kg，增产 11.19%，增产达极显著水平。

【栽培技术要点】 春植苗 1.8 万 ~2.0 万穴/亩，秋植 2.0 万 ~2.2 万穴/亩，每穴播 2 粒；增施优质土杂肥，早施追肥。及时排除田间积水。要特别注意防治青枯病；及时除虫，苗期重点防治蚜虫、蓟马、叶蝉和浮尘子，中后期注意防治斜纹夜蛾和卷叶虫等。

【适宜区域】 该品种适宜在广东省各地无青枯病的水田与旱坡地春、秋季种植。

8. 山花 8 号

【特征特性】 该品种属于珍珠豆型小花生品种。生育期 125 天，株型紧凑，疏枝型，连续开花，抗倒伏性较强，主茎高 42.7cm，侧枝长 46.5cm，总分枝 7 条。单株结果 15 个，单株生产力 17g，荚果蚕茧形，籽仁椭圆形，种皮粉红色，内种皮淡黄色，百果重 178g，百仁重 73g，千克果数 904 个，千克仁数 1718 个，出仁率 73.7%。种子休眠性中等，抗旱性、耐涝性中等，中抗叶斑病。蛋白质含量 28.5%，脂肪含量 47.9%，水分含量 5.7%，油酸含量 44%，亚油酸含量 37%，O/L 比率为 1.18。

【产量表现】 该品种在 2004 ~2005 年山东省小花生品种区域试验中，亩产荚果 289.9kg、籽仁 210.7kg，分别比对照鲁花 12 号增产 14.1% 和 13.7%。在 2006 年生产试验中，亩产荚果 280.6kg、籽仁 207.2kg，分别比对照鲁花 12 号增产 12.2% 和 12.7%。

【栽培技术要点】 适宜密度为每亩 1 万 ~1.1 万穴，每穴播 2 粒。其他管理措施同一般大田。

【适宜区域】 该品种适宜在山东省适宜地区作为春直播或麦田套种小花生品种推广利用。

9. 天府 19 号

【特征特性】 春播全生育期 130 天左右、夏播 110 天左右。株型直立，连续开花。荚果普通型和斧头形，种仁椭圆形和圆锥形，种皮粉红色。主茎高 37 ~42cm，侧枝长 45 ~50cm，单株有效果枝数 6.9 ~7.7 条，单株结果数 15.1 ~16.3 个、饱果数 12.3 ~12.4 个，单株产量 23.40 ~ 26.3g，双仁百果重 174.4 ~ 192.8g，百仁重 80.4 ~ 87.5g，出仁率 74.3% ~ 79.6%。籽仁含油率 49.7%（干基）、油酸含量 44.2%、亚油酸含量 34.5%，O/L 比率为 1.28，蛋白质含量 24.8%。抗倒力强，耐旱性较强，耐叶斑病，感青枯病。种子休眠性较强。

【产量表现】 该品种于 2007 ~ 2008 年参加四川省花生新品种区试。2007 年 5 个点试验一致增产，平均亩产荚果 303.57kg，比对照天府 14 号增产 11.79%（极显著）；2008 年 5 个点试验一致增产，平均亩产荚果 357.47kg，比对照天府 14 号增产 11.34%（极显著）。两年试验平均亩产荚果 330.52kg，比对照天府 14 号增产 11.55%。2008 年在南充、乐至、内江和苍溪 4 个试点进行生产试验，平均亩产 325.5kg，比对照天府 14 号增产 18.8%。

【栽培技术要点】 3 月下旬至 5 月上旬播种；春播 8500 ~ 10000 穴/亩，每穴播 2 粒，单株栽培 14000 株/亩左右，种植方式以大垄双行栽培或宽窄行栽培为好。亩施纯氮 6 ~ 9kg、五氧二化磷 5 ~ 6kg、氧化钾 5 ~ 6kg，底肥注意种肥隔离，追肥不宜迟过初花期。及时中耕除草、防治叶部病虫害和地下害虫。

【适宜区域】 该品种适宜在四川花生产区种植，不宜在青枯病常发区种植。

10. 阜花 12 号

【特征特性】 该品种属于连续开花亚种珍珠豆型花生，全生育期 125 天左右，有效花期 30 天左右。花冠橘黄色，花小，茎中粗，色绿，株高 35cm 左右，侧枝长 40cm 左右，分枝 8 ~ 9 条，荚果斧头形（兼有蚕茧形），2 粒荚，果仁为桃形，种皮粉红色、光滑无裂纹，小叶片椭圆形、淡绿色、中大。单株结果数 15 ~ 20 个，单株果重 15 ~ 20g，百果重 75 ~ 180g，百仁重 70 ~ 75g，出仁率 73% ~ 75%；出苗快而整齐、长势强，抗倒、抗旱、耐瘠、适应性广、较抗叶斑病，粗脂肪含量 50.6%、粗蛋白含量 24.33%、总糖含量 5.17%。

【产量表现】 该品种于 2008 年参加辽宁阜新、金州、沈北 3 个国家农业科技园区实验基地开展的花生新品种增产潜力试验，辽宁省种子管理局组织现场验收，平均每亩荚果产量高达463.5kg，比对照品种白沙1016增产49.5%，增产效果极为显著。

【栽培技术要点】 该品种适宜土质肥沃、地力均匀、土壤疏松和排水良好的沙质壤土地块栽培。最好避开盐碱地、涝洼地、重迎茬地种植。亩施农家肥3000～4000kg，磷酸二铵15～20kg，硫酸钾10～15kg。适宜播种期在5厘米耕层内地温连续稳定在12℃以上，土壤含水量达到18%左右时，省内露地种植5月5日～5月15日播种，覆膜种植5月1日～5月10日播种；露地密度2.0万～2.2万株/亩，覆膜密度2.0万株/亩左右；生育期间及时防除病虫草害，露地种植结合中耕亩追尿素10～15kg、覆膜种植喷施叶面肥2～4次。

【适宜区域】 该品种具有较强的抗逆性和广泛的适应性，在全国各地凡能栽培白沙1016花生的地区都可栽培。

——第三章——
花生的生长发育特点

第一节 花生器官建成

一 根和根瘤

1. 根的构成与形态

花生的根系为直根系，由主根和各级侧根组成（图3-1）。主根由胚根发育而来，侧根在主根上呈"十"字形状排列。花生根系发达，主根入土深度可达 2m 左右，一般分布在地表以下 40 ~ 50cm 的土层中；侧根的分布范围直径可达 1.5m。故抗旱力较强。

2. 根瘤

花生的主根和侧根上长有瘤状结构，称为根瘤（图3-1、图3-2）。花生根瘤的形成是由于土壤中的根瘤菌侵入根部组织所致。根瘤菌自根表皮侵入，存在于根皮层的薄壁细胞中。根瘤菌在皮层细胞中迅速分裂繁殖，同

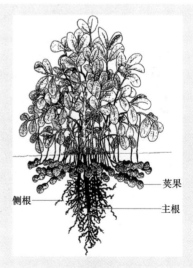

侧根
荚果
主根

图 3-1 花生的根系

时皮层细胞因根瘤菌侵入的刺激，进行细胞分裂，皮层细胞数目增加，体积膨大，形成瘤状凸起就是根瘤。花生根瘤圆形，直径一般 1 ~ 5mm，多数根瘤着生在主根的上部和靠近主根的侧根上，在胚轴上亦能形成根瘤。根瘤的大小、着生部位、内部颜色等都与固氮能力有关，主根上部和靠近主根的侧根上的根瘤较大，固氮能力较强。花生根瘤上的根瘤菌能固定空气中的游离态氮，合成植物可利用的铵态氮，供植物利用。一般每公顷花生能固定氮素 37.5 ~ 75.0kg，其中 2/3 左右供给花生，1/3 左右残留在土中，起到培肥土壤的作用。

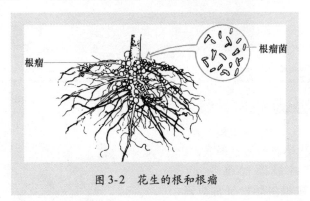

根瘤菌

根瘤

图 3-2　花生的根和根瘤

一般花生主茎出现 4 ~ 5 片真叶时形成根瘤，但开花以前根瘤数很少，瘤体也较小，固氮能力弱，因此，花生苗期需要施氮肥。

开花以后，根瘤菌可以给花生植株提供一定的氮素养分。

盛花期至结荚初期，根瘤菌的固氮能力最强，提供给花生植株的氮素养分最多。

饱果期，根瘤菌的固氮能力衰退，最后丧失固氮能力，瘤体破裂。

这时根瘤遗留在土壤中的氮素为 1.0 ~ 3.5kg/亩，相当于硫酸铵等标准氮肥 5.0 ~ 17.5kg，这就是"花生能肥田"的道理。

二　茎和分枝

1. 主茎和胚轴的形态结构

花生的主茎直立，位于植株中间，通常有 15 ~ 20 个节和节间，基部的节间较短，高度一般为 30 ~ 50cm，迟熟品种或雨水较多的年份，主茎往往长达 75cm 以上（图 3-3）。

图 3-3　花生的主茎和分枝

2. 分枝的发生规律

　　花生的分枝由叶腋的腋芽发育而来。从主茎直接长出的分枝称为第一次或一级分枝；从第一次分枝再长出的分枝称为第二次分枝；依此类推。普通型、龙生型品种的分枝可多至 4～5 次；而珍珠豆型和多粒型品种分枝较弱，一般只有 1～2 次分枝，极少有第 3 次分枝的。

　　按分枝与主茎所形成的夹角不同，可将花生的株型分为蔓生型、半蔓生型和直生型三种。半蔓生型和直生型通常合称丛生型。

　　花生的第一条和第二条一次分枝由子叶节上的两个侧芽发育而来，对生，称为第一对侧枝，约在出苗后 3～5 天，主茎 3 片真叶展开时出现。第三条和第四条一次分枝由主茎上第一片真叶和第二真叶叶腋的侧芽发育而来，互生，但由于主茎第一节和第二节之间的节间很短，紧靠在一起，看上去近似对生，所以习惯上称第三条和第四条一次分枝为第二对侧枝，约在出苗后 15～20 天，主茎第 5、6 片真叶展开时出现。当第二对侧枝出现时，主茎上有 4 条分枝，呈十字状，此时花生植株的高度和宽度几乎相等，近似圆形，习惯上称为"团棵"；主茎分枝第 1 片真叶展开时称为"团棵期"。

　　花生的第一对和第二对侧枝生长势很强，这两对侧枝及在它们基部发生的第二次分枝构成花生植株的主体，是着生荚果的主要部位，一般占单株结荚数的 80%～90%，其中第一对和第二对侧枝占结荚总数的60%以上。因此，栽培上促进第一对和第二对侧枝的健壮发育对夺取花生高产十分重要。

三 叶

花生的叶可分为不完全叶和完全叶（真叶）两种（图3-4）。不完全叶包括子叶和鳞叶。花生的两片肥厚子叶和每一枝条的第1节或第1~3节上着生的鳞叶，它们均属不完全叶。

花生的真叶（完全叶）由叶片、叶柄、叶枕和托叶组成。叶互生，为4片小叶的羽状复叶。

叶片的感夜运动：花生真叶的4片小叶具有昼开夜闭的特性，称为"感夜运动"或"睡眠运动"。引起小叶发生睡眠运动的原因是小叶叶枕上下半部薄壁细胞的细胞膜透性随光线强弱而发生变化所致。

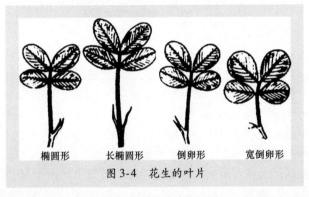

| 椭圆形 | 长椭圆形 | 倒卵形 | 宽倒卵形 |

图3-4 花生的叶片

【提示】成熟期的花生叶片不再发生感夜运动，可根据这一特性判断花生是否可以收获。

珍珠豆型品种闭叶晚，张叶早；普通型品种闭叶早，张叶晚。由于它们对光线利用程度和时间不同，荚果发育速度也不一样，这也是珍珠豆型品种比普通型品种荚果饱度高的一个主要原因。

四 花序和花

1. 花生的花序

花生的花序是一个着生花的变态枝，也称生殖枝或花枝。花序着生在叶腋间。花生的花序为总状花序，在花序轴每一节上着生一片苞叶，其叶腋内着生一朵花，每一花序有 2 ~ 7 朵花。

2. 花生的开花型（或分枝型）

开花型是指花序和分枝在植株上的着生部位和方式。根据花序在植株上着生的部位和方式不同，花生的开花型分成连续开花型（或称连续分枝型）和交替开花型（或称交替分枝型）两种。

连续开花型的品种，主茎和侧枝的每一个节上均可着生花序，这类品种除主茎上着生花序外，在第一次侧枝的基部第 1 节或第 1 ~ 2 节可着生营养枝，也可着生花序，以后各节连续着生花序。第二次侧枝的第 1 节和第 2 节及以后各节均可着生花序。

交替开花型的品种，主茎上不着生花序，侧枝基部的第 1 ~ 2 节或第 1 ~ 3 节只长营养枝，不着生花序，其后几节只生花序不着生营养枝；然后又有几节只生营养枝不着生花序；如此交替发生。

3. 花的结构

花的结构，自外向内由苞片、花萼、花冠、雄蕊、雌蕊组成（图 3-5）。

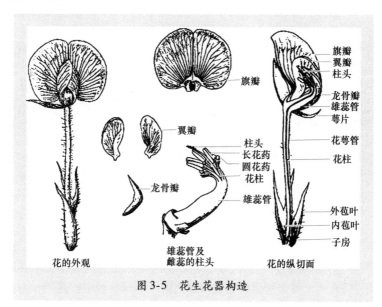

图 3-5　花生花器构造

(1)苞片 2片,位于花萼管基部外侧,绿色,其中1片端部呈锐三角形的分叉,称为内苞片;另1片较短,长桃形,包围在花萼管基部最外层,称为外苞片。在花蕾期中,苞片具有保护花蕾和进行光合作用的功能。

(2)花萼 即萼片,5枚,其中4枚联合,1枚分离,其基部联合成一花萼管。

(3)花冠 为蝶形花冠,黄色,着生在花萼之内。由1片旗瓣,2片翼瓣和2片龙骨瓣组成。2片龙骨瓣联合在一起呈鸟喙状向上弯曲,包着雌雄蕊,花开放后仍是紧闭。因此,花生是典型的自花授粉作物,昆虫传粉的机会很少。

(4)雄蕊 10枚,其中2枚退化成花丝,8枚发育成花药。8枚花药中,4枚发育健全呈椭圆形,4枚发育不健全呈圆形。花丝联合成一雄蕊管,着生在花萼管上。

(5)雌蕊 着生于雄蕊管内,由柱头、花柱和子房组成。细长的花柱从花萼管及雄蕊管中伸出;柱头稍庞大弯曲,在其下部约3mm处有细毛;子房位于花萼管基部。

开花的前一天下午约4:00,花蕾即明显增大,傍晚花瓣开始膨大,撑破萼片,微露黄色花瓣,至夜间,花萼管迅速伸长,花柱亦同时相应伸长,次日清晨5:00~7:00开放,当天下午花瓣萎蔫,花萼管亦逐渐干枯。

花生开花的适宜温度为23~28℃,适宜的土壤相对含水量为60%~70%,降至30%~40%时,开花就会中断;弱光条件能减少花生的开花数。

> **【提示】** 在大田条件下,植株形成荚果后开花数明显减少,如不断摘果,则会继续大量开花,说明大量荚果的形成对开花有一定抑制作用。

五 果针的形成

花生开花受精后,子房基部分生组织细胞迅速分裂,大约在开花后3~6天,伸长形成绿色或暗绿色的子房柄,子房柄连同位与其尖端的子房合称果针。

果针有向地性生长习性，当果针入土 3 ~ 5cm 后，子房柄停止生长，子房在土壤中逐渐发育成为荚果（彩图8）。

影响果针形成的原因主要有以下几个方面。

1）花器发育不良，没有正常授粉受精能力。如花萼管没有同花柱相应伸长；胚囊发育不良，无卵细胞等，这种花占很少数。

2）开花时气温过高或过低。过高指大于 35℃，过低指小于 18℃，果针形成的最适温度为 25 ~ 30℃。

3）开花时空气湿度过低（<50%）。夜间相对湿度小，不利成针。据研究报道：开花期，夜间相对湿度对果针的形成影响很大。夜间相对湿度为 95% 的成针数约为 60% 左右时的 5 倍。另外，果针的伸长速度明显受空气湿度的影响。所以花生在开花下针期，喜欢涝天，不喜欢涝地。

六 荚果和种子

从果针入土到荚果成熟，早熟小粒品种约需 50 ~ 60 天，大粒品种约需 60 ~ 70 天，整个过程可分为两个时期，前一期称荚果膨大形成期，需 30 天左右，主要表现为荚果体积的迅速膨大，此期结束时荚果体积已达最大。

> **【提示】** 荚果本身也有一定的吸收功能，其发育所需的钙质，都由荚果直接从土壤中吸收。果针入土的难易与花在植株上着生的位置有关。

果针入土后 7 ~ 10 天，即可形成鸡头状幼果，10 ~ 25 天体积增长最快，25 ~ 30 天达到最大值，此时称为定型果。

定型果果壳木质化程度低，果壳网纹特别是前室网纹尚不明显，果壳表面光滑、黄白色（白色成分重），荚果幼嫩多汁，含水量高，一般为 80% ~ 90%。籽仁刚开始形成，内含物以可溶性糖为主，尚属幼果，无经济价值。

后一时期称荚果充实期或饱果期，需 30 天左右，主要表现是荚果干重迅速增长，籽仁充实，荚果体积不再增大。此期间果壳的干重、含水量、可溶性糖含量逐渐下降，籽仁中油脂、蛋白质含量，油脂中油酸含量、O/L 比率逐渐提高，而游离脂肪酸、亚油酸、游离氨基酸含量不断下降。

花生荚果顶端突出部分称果喙或果嘴；荚果各室缩缢部位称果腰；荚果表面凸起的条纹称为网纹。

果针入土后20~25天至50~55天，果重增加迅速，以后增重逐渐趋缓；入土后65天左右，荚果干重和籽仁油分基本停止增长。

花生荚果的形状有普通型、斧头形、葫芦形、蜂腰形、茧形、曲棍形和串珠形7种（图3-6）。前5种果形有2粒种子；后两种果形有3粒以上种子。百粒重一般为50~200g。

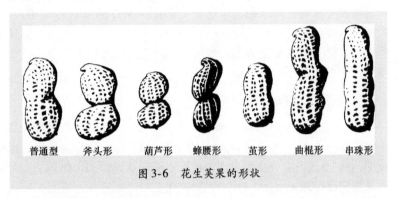

| 普通型 | 斧头形 | 葫芦形 | 蜂腰形 | 茧形 | 曲棍形 | 串珠形 |

图3-6 花生荚果的形状

影响荚果发育的因素有以下几种。

（1）黑暗　黑暗是荚果发育的必要条件，只要子房处于黑暗条件下，不管其他条件满足与否，都能膨大发育，而在光照条件下，即使其他条件良好，子房也不能发育。

（2）机械刺激　机械刺激是花生子房膨大的又一基本条件。黑暗和机械刺激都可能增加果针中生长素（IAA）含量和乙烯含量，而高浓度IAA和乙烯都能抑制果针伸长，直接或间接刺激休止中的原胚恢复分裂，导致幼果发育。

（3）水分　当结果区干燥时，即使花生根系能吸收充足的水分，荚果也不能正常发育。结荚饱果期干旱，对小果的珍珠豆型品种荚果发育影响较小，对大果的普通型品种影响较大。

干旱主要影响细胞膨压，影响细胞扩大；其次是结果区干旱阻碍荚果对钙的吸收，因而常表现缺钙症状。结果区干旱影响主要是在荚果发育的前30天，30天以后不受影响。

（4）**氧气** 花生荚果在发育过程中各种代谢活动旺盛，需有足够的氧气。在排水不良的土壤中或黏土地上，由于氧气不足，荚果发育缓慢，空果、秕果多，结果少、荚果小，甚至窒息、烂果。

（5）**结果层矿物营养** 花生子房柄和子房都能从土壤中吸收无机营养。现已证明，氮、磷等大量元素在结荚期虽然可以由根或茎运往荚果，但结果区缺氮或缺磷对荚果发育仍有重大影响。特别是当根系层不能充分供应营养时，结果层营养供应更为重要。山东省花生研究所用^{45}Ca示踪证明，花生根系吸收的钙绝大部分保留在茎叶中，运往果针、荚果的部分很少，荚果发育所需的钙主要靠其本身吸收，因此，结果层缺钙对荚果发育影响尤其严重。

（6）**温度** 荚果发育适温是23～27℃，低于15℃或高于33℃均不利于发育。从果针入土到荚果成熟，中晚熟大花生约需大于15℃的有效积温450℃（积温超过300℃可形成秕果，低于300℃则只能发育成幼果），大于10℃的有效积温600～670℃。

（7）**有机营养** 根据单位重量所含能量粗略估计，每生产1kg干荚果大致需消耗碳水化合物1.75kg。因此，建立良好的群体结构，协调营养生长与生殖生长的关系，延长荚果充实期的叶片光合时间、提高叶片光合效能，改善有机营养状况，是提高果重、增加产量的基本途径。

花生的种子也称花生仁、花生米，着生在荚果的腹线上。种子由种皮和胚两部分组成。种皮也称花生衣；种皮颜色常见有深红、粉红、紫红、花皮等。胚由子叶、胚芽、胚根和胚轴组成。子叶两片，肥厚，重量和体积占种子的90%以上；胚芽由1个主芽和2个侧芽组成，位于两片子叶内侧；胚根位于两片子叶之下，胚的末端；胚轴为连接胚芽和胚根的部分。

第二节　花生的生育时期

通常按春播的生育期长短，将花生分为早熟（130天以内）、中熟（145天左右）、晚熟（160天以上）品种。其中，各分为种子萌发出苗期、苗期、开花下针期、结荚期和饱果成熟期五个生育时期。

一 种子萌发出苗期及其管理技术

1. 种子萌发出苗期

从播种到50%的幼苗出土、第一片真叶展开为种子萌发出苗期（图3-7）。花生种子吸胀萌动后，胚根首先向下生长，接着下胚轴向上伸长，将子叶及胚芽推向土表。当第一片真叶伸出地面并展开时，称为出苗。花生出苗时，两片子叶一般不出土，在播种浅或土质松散的条件下，子叶可露出地面一部分，所以称花生为子叶半出土作物。北方适期春播花生萌发出苗一般需 10～15 天，夏播 5～8 天。

| 种子 | 露白 | 根系下扎 | 真叶萌动 | 真叶展开 |

图3-7　花生种子萌发出苗过程

2. 主要特点

1）子叶半出土。

2）清棵蹲苗。这是花生最具特点也是非常重要的一项管理措施。目的是使第一对侧枝早点露出地面，充分吸收太阳光，增强光合作用，促使更多侧枝早发，从而生长健壮，提高产量。

3. 对外界环境条件的要求

1）温度。花生种子发芽的最适温度为 25～37℃，发芽的最低温度为 12～15℃（珍珠豆型和多粒型 12℃，普通型和龙生型为 15℃）。中熟大花生品种萌发出苗约需 5cm 地温大于 12℃ 的有效积温 116℃。

萌动发芽的种子抗寒力很弱，如果发芽种子长时间处于 15℃ 以下，且土壤水分过多，则胚根容易腐烂。应选择温度稳定在15℃以上的时候播种（覆膜播种可提前7~10天），才能保证全苗和齐苗。

2）水分。播种时最适宜的土壤湿度为土壤最大持水量的60%~70%，当土壤持水量下降至36%时，发芽开始受到不良影响。所以，播种花生既要看准天气（选晴暖天气），又要很好地掌握土壤墒情，适时播种。否则，容易使种子发芽缓慢，造成大量缺苗。

3）氧气。萌芽出苗期间，呼吸旺盛，需氧量较多，且需氧量随发芽天数的增加而增加。播种时要特别注意土壤的通气条件，否则就很容易烂种缺苗。

4）土壤质地。土层要深，耕层要活，土性要松。一般以沙壤土较适宜，排水通气性好，对花生出苗有防湿增温作用。

4. 栽培技术要点

生产上可以进行清棵蹲苗，保证土壤中有适宜的水分；如播种过深，要播前翻耕、播后遇雨及时划锄，保证良好的通气环境，防止造成"焖种"。

> ⊙ 【提示】 子叶半出土指花生子叶一般并不完全出土，这一特性直接影响花生子叶叶腋间第一对侧枝的分生。这就是栽培上"清棵蹲苗"的依据之一。

5. 花生清棵蹲苗技术

花生播种出苗后，必须及时进行田间管理，清棵蹲苗是一项田间管理的有效增产技术（图3-8）。据试验，清棵的比不清棵的增产12.9%~23%。

（1）清棵时间 据试验，花生齐苗时清棵增产效果最佳。一般清棵后20天左右，花生茎枝基部节间由紫变绿，二次分枝开始分生时，再进行中耕效果较好。

图3-8 花生清棵蹲苗

（2）**清棵方法**　对平作的花生田，清棵时可先用大锄在行间浅锄一遍，随后用小手锄或小铲扒土清棵，把幼苗周围的土向四面扒开使两片子叶露出来。起垄种植的可破垄退土清棵，用大锄深锄垄沟，浅锄垄背，然后用手锄或小铲清棵。清棵深度以两片子叶露出地面为准。此外，清棵时一定要注意不要碰掉子叶，否则，侧枝发育失去营养来源，短而细弱，开花结果明显减少，降低产量。

（3）**蹲苗要点**　花生清棵后，暂不中耕，需要经过一段时间蹲苗，使其第一对侧枝和第二次分枝得到健壮生长，然后再中耕，才不致影响清棵的效果。若中耕过早，把第一对侧枝基部又埋在土中，就失去了清棵的作用。

二　苗期及其管理技术

1. 苗期

从出苗到 50% 的植株第一朵花开放为苗期（图 3-9）。一般北方春播花生苗期 25 ~ 35 天，夏播 20 ~ 25 天，地膜覆盖栽培缩短 2 ~ 5 天。

2. 主要特点

1）结果枝已形成。出苗后，主茎第 1 ~ 3 片真叶很快连续出生，在第 3 或第 4 片真叶出生后，真叶出生速度明显变慢，至始花时，连续开花型品种主茎一般有 7 ~ 8 片真叶，交替开花型品种有 9 片真叶。当主

真叶

子叶

茎

根

图 3-9　花生小苗

茎第 3 片真叶展开时，第一对侧枝开始伸出；第 5 ~ 6 片真叶展开时，第三、四条侧枝相继伸出，此时主茎已出现 4 条侧枝，呈十字形排列，通常称这一时期为"团棵期"（始花前 10 ~ 15 天）。至始花时生长健壮的植株一般可有 6 条以上分枝。

2）有效花芽大量分化。到第一朵花开放时，一株花生可形成 60 ~ 100 个花芽，苗期分化的花芽在始花后 20 ~ 30 天内都能陆续开放，基本上都是有效花。

3）根系和根瘤形成。与地上部相比苗期根系生长较快，除主根

迅速伸长外，1~4次侧根相继发生，侧根条数达100~200条，深度达60cm以上。根瘤亦开始大量形成。

4）营养生长为主，氮代谢旺盛。

3. 对外界环境条件的要求

1）温度。苗期长短主要受温度影响，约需大于10℃有效积温300~350℃。苗期生长最低温度为14~16℃，最适温度为26~30℃。

2）水分。苗期是花生一生最耐旱时期，干旱解除后生长能迅速恢复，甚至超过未受旱植株。

3）营养。对氮、磷等营养元素吸收不多，但是在团棵期由于植株生长明显加快，而种子中带来的营养已基本耗尽，根瘤尚未形成，因此，苗期适当施氮、磷肥能促进根瘤的发育，有利于根瘤菌固氮，显著促进花芽分化数量，增加有效花数。

4. 栽培技术要点

花生苗期对土壤水分的要求较高，从播种到开花这个阶段耗水量占全生育期耗水总量的16%~31%。控制苗期水分不过高，促使根系正常发育，是保证花生营养生长和生殖生长协调的关键。如果土壤绝对含水量低于10%，花芽分化就会受到抑制，以致花期延迟，开花减少。而土壤湿度过大，易引起地上茎叶生长过旺，影响根系发育，同样不利于花芽的大量分化形成。

花生苗期对氮素营养需量较大，氮素供应充足，有利于根瘤的大量形成及花芽的大量分化，同时还促进茎枝粗壮，叶色浓绿，为早开花、多开花，提高前期有效花打下良好的基础。

三　开花下针期及其管理技术

1. 开花下针期

从始花到50%植株出现鸡头状幼果（子房膨大呈鸡头状）为开花下针期，简称花针期（图3-10）。这是花生植株大量开花、下针、营养体开始迅速生长的时期。

2. 主要特点

1）营养器官生长迅速，干物质的积累较多。

2）叶片数迅速增加，叶面积迅速增长，但田间还未封垄或刚开始封垄。

花
果枝

图3-10　开花下针期花生苗

3）主侧根上大量有效根瘤形成，固氮能力不断增强。

4）开花数通常可占总花量的50%～60%，形成的果针数可达总数的30%～50%，并有相当多的果针入土。

> ●　【提示】　这一时期所开的花和所形成的果针有效率高，饱果率也高，是将来产量的主要组成部分。

3. 对外界环境条件的要求

（1）温度　花针期大约需大于10℃有效积温290℃，适宜的日平均气温为22～28℃。北方中熟品种春播一般需25～30天，麦套或夏直播一般需20～25天；早熟品种春播需20～25天，麦套或夏直播一般需17～20天。

（2）水分　土壤干旱，尤其是盛花期干旱，不仅会严重影响根系和地上部的生长，而且显著影响开花，延迟果针入土，甚至中断开花，即使干旱解除，亦会延迟荚果形成。花针期干旱对生育期短的夏花生和早熟品种的影响尤其严重。但土壤水分超过田间持水量的80%时，又易造成茎枝徒长，花量减少。

（3）营养　开花下针期需要大量的营养，对氮、磷、钾的吸收约为总吸收量的23%～33%，这时根瘤大量形成，根瘤菌固氮能力加强，能为花生提供越来越多的氮素。硼素是保花量多，受精率高，果针齐，争取果多的重要措施。

4. 栽培技术要点

开花下针期控制好下针是提高花生产量的关键环节。花生开花期长，开花量多，从开始开花到停止开花，开花数为 50～200 朵/株，有 50%～70% 能形成果针，能结成荚果的占总花量的 20%～25%，结成饱果的只占总花量的 15% 左右。因此在生产上可以采用控制下针来提高产量，具体技术环节为：通过培土，引升子叶节，使其露出地表（地膜）面，以便控制早期花下针；在花生初花期，通过中耕，将垄两侧的土锄向行间，使垄形成"n"状窄埂；在花生收获前 80 天左右，通过扶垄，解除对下针的控制。

1. 结荚期

从幼果出现到 50% 植株出现饱果为结荚期。

2. 主要特点

1）这一时期，是花生营养生长与生殖生长并盛期。

2）叶面积系数、群体光合强度和干物质积累量均达到一生中的最高峰，同时亦是营养体由盛转衰的转折期。结荚初期田间封垄，叶面积指数在结荚中期达最大（4.5～5.5），主茎高约在结荚末期达高峰。

3）结荚期是花生荚果形成的重要时期，此期在正常情况下，开花量逐渐减少。大批果针入土发育成幼果和秕果，果数不断增加，该期所形成的果数占最终单株总果数的 60%～70%，是决定荚果数量的时期。

3. 对外界环境条件的要求

（1）水分 结荚期也是花生一生中吸收养分和耗水最多的时期，对缺水干旱最为敏感。

（2）温度 温度影响结荚期长短及荚果发育好坏。一般大粒品种需大于 10℃ 有效积温 600℃（或大于 15℃ 有效积温 400～450℃）。北方中熟大粒品种需 40～45 天，早熟品种 30～40 天，地膜覆盖可缩短 4～6 天。

4. 栽培技术要点

1）结荚初期追肥。根据花生的果针和荚果表面都能从土壤中吸收养分而且主要供给自身需要的特点，在花生结荚初期每亩向花生株丛内撒施 10～15kg 以磷和钙为主的复合肥，每亩可增收荚果 50～100kg，而且品质也可得到改善。

2）喷施叶面肥。可在全生育期结合喷药或单独多次向叶片正反两面喷施叶面肥。高产田和酸性土壤地块，钙含量不足影响花生产量和品质，喷施富含络合态氨基酸钙的叶面肥，能迅速补充钙、镁等元素，增加结果数和改善荚果质量。

3）调节生长。雨后花生生长迅速转旺，应把握在始花后 30 天左右，植株已经或接近封行时间隔 15 天左右连喷 2 次壮饱安 1000～1200 倍液，以有效抑制茎枝增高，防止倒伏，推迟落叶，促使荚果生长发育。

4）防控虫害。雨后对蛴螬等地下害虫孵化和初孵幼虫成活生长，棉铃虫、造桥虫等食叶害虫繁衍危害都有利，可结合追肥向花生株丛内撒施速灭地虫药肥粉或辛硫磷毒土，发现心叶有受害症状时喷施杀虫药。

五 饱果成熟期及其管理技术

1. 饱果成熟期

从 50% 的植株出现饱果到收获为饱果成熟期，简称饱果期。

2. 主要特点

1）营养生长逐渐衰退，生殖生长为主。

2）根系吸收下降，固氮逐渐停止。

3）叶片逐渐变黄、衰老、脱落，叶面积迅速减少。

4）果针数、总果数基本上不再增加，饱果数和果重则大量增加。

> 【提示】 增加的果重一般占总果重的 50%～70%，是荚果产量形成的主要时期。

3. 对外界环境条件的要求

（1）温度 气温影响饱果期长短，北方春播中熟品种约需 40～

50 天，需大于 10℃ 有效积温 600℃ 以上，晚熟品种约需 60 天，早熟品种约 30 ~ 40 天。夏播一般需 20 ~ 30 天。温度低于 15℃ 荚果生长停止。

（2）水分和营养　饱果期耗水和需肥量下降，若遇干旱已无补偿能力，会缩短饱果期而减产。

4. 栽培技术要点

减缓叶片衰老变黄速度，推迟落叶时间，保持较大的绿色叶面积，维持较长的功能时间；增强光合强度，提高光合效率，增加营养物质积累量；促进茎叶中的营养物质向荚果内运转，提高运转速率，加快荚果充实，尽快形成经济产量；控制主要病虫为害，减少损失数量。

第三节　花生的产量和品质形成

一 花生的产量形成

花生一生的前三个时期是成苗、初步建成营养器官、形成生殖器官（开花、成针）的时期。进入结荚期之后开始形成经济产量。因此，结荚期和饱果期合称产量形成期。

1. 花生产量的构成因素

单位面积株数、单株果数、果重是构成花生产量的三个基本因素，花生的果重常用千克果数表示。

花生单位面积荚果产量（kg）= 单位面积株数 × 单株果数/千克果数

三因素间既相互联系，又相互制约。通常情况下单位面积株数起主导作用。随着单位面积株数的增加，单株果数和果重相应下降。当增加株数而增加的群体生产力超过单株生产力下降的总和时，增株表现为增产，密度比较合理。花生单株结果数，因密度、品种和栽培环境条件不同，一般花生高产田，要求单株结果数 15 ~ 20 个；果重的高低取决于果针入土的早晚和产量形成期的长短。

在生产实践中，每亩果数可达 45 万个，单果重可达 3g，但二者不可能同时出现。单位面积果数和果重是相互矛盾的。单位面积有一定数量的果数是高产的基础，较高的果重是高产的保证。花生从低产变中产或中产变高产，关键是增加果数。但要想高产更高产，就必须在有一定果数的基础上提高果重。一般疏枝大粒花生品种，产量为400kg/亩左右的花生田，果数应达到20万左右；500kg/亩以上的花生田，要有25万～30万个花生果作保证。

2. 产量形成期长短

春花生产量形成期长达80～90天，夏花生则60天之多。在适宜的光、温、水、肥条件下，延长产量形成期是提高产量的有效途径。疏枝中熟大花生能在我国北方表现高产稳产的原因之一就在于产量形成期较长，地膜覆盖栽培增产的根本原因也与提早结荚、延长产量形成期有关。延长产量形成期可以从"提前"和（或）"延后"两方面着手。一方面尽可能促早开花，早结果，以提早进入产量形成期；另一方面在生殖生长与营养生长协调的基础上，后期保根、保叶，防止叶片早衰脱落，以使产量形成期延长。

二 花生的品质形成

1. 优质花生的品质指标

根据花生不同用途，品质指标可分为工艺品质、储藏加工品质和营养品质三类。

（1）工艺品质 大花生荚果普通型，果长，果形舒展美观，果腰、果嘴明显，网纹粗浅、果壳薄、质地坚硬、无斑点、颜色新鲜；籽仁长椭圆形或椭圆形，外种皮粉红色，色泽鲜艳，无裂纹、无黑色晕斑，内种皮橙黄色。小花生荚果茧形或蜂腰形，籽仁圆形或桃形，种皮粉红色，无裂纹。

（2）储藏加工品质 花生油的亚油酸含量或O/L比率是油质稳定性及花生加工制品耐储藏性的指标。O/L比率越高，油质越稳定，花生加工制品越耐储藏，但O/L比率过高，亚油酸含量偏低，营养品质下降。亚油酸是食品营养品质的重要指标，它具有降低人体血浆胆固醇含量的作用。综合考虑耐贮性和营养品质，一般大花生O/L比率要求在1.4以上，小花生在1.0以上；从加工角度要求果、仁的整齐、饱满，加工损耗少、成品率高。

（3）营养品质 花生营养丰富，用途广泛。以油用为主的品种，籽仁含油要在50%以上，亚油酸含量40%左右，O/L比率为1.0左右；以食用为主的品种，要求低脂肪（含量50%以下），高蛋白（含量30%以上），亚油酸含量35%以下，O/L比率为1.4～2.0。同时，注意提高蛋氨酸、赖氨酸、色氨酸和苏氨酸的含量。食用花生还要求口味香脆、颜色美观。

2. 优质花生品质形成过程

（1）花生荚果发育过程中油脂的形成　油脂是由甘油和脂肪酸合成。甘油由葡萄糖糖酵解过程中的磷酸二羟丙酮转化而来。脂肪酸由呼吸代谢过程中的丙酮酸，生成乙酰辅酶A，经过一系列生化过程生成长链脂肪酸，然后生成不饱和脂肪酸。可见，油脂的原料来自光合作用，需要相当高的能量。荚果形成期（果针入土至入土后20～30天）内积累的物质主要是碳水化合物（还原糖、蔗糖、戊糖、淀粉等），油脂和蛋白质积累还很少，含油量一般低于30%；荚果充实期脂肪合成累积速率日益增长，很快达到累积高峰（果针入土后35～45天），以后累积速率逐渐变慢，但直到成熟脂肪含量都不断在增加。因此，从种子开始生长，籽仁中含油率随着荚果的发育成熟而提高。一批种子含油总量的高低取决于种子总体成熟度或成熟种子所占比例。不同品种间含油量变化很大（可达15%～22%）。不同亚种之间或不同类型之间均有含油量高的品种和含油量低的品种。常有小花生品种或珍珠豆型花生含油量高的说法，这是因为小花生或珍珠豆型花生系早熟品种，饱果率较高之故。

油脂中O/L比率的高低是花生的一项重要品质指标。O/L比率大小因品种、种子成熟度和栽培环境条件而异。一般珍珠豆型O/L比率较低，普通型较高。同一类型之内O/L比率仍有较大的变异幅度。在各种类型花生中都有可能选出O/L比率特高或特低的品种；随着种子成熟度的增加，O/L比率逐渐提高。地膜覆盖栽培花生或结果层温度较高和适宜的土壤湿度有利于提高O/L比率。黏土地生产的花生O/L比率高于沙土地、南方高于北方。

（2）花生荚果发育过程中蛋白质的形成　蛋白质是由氨基酸合成的。在花生种子发育成熟过程中，氨基酸等可溶性含氮化合物从植株的其他部位（主要是叶片）转移到种子中，在种子中合成为蛋白质，以蛋白质粒储藏在细胞中（大部分存在于薄壁细胞蛋白质体中，少量存在于细胞质中）。在籽仁发育过程中，籽仁中蛋白质含量与籽仁干物质积累大体一致，呈"S"形增长曲线。随着种子发育成熟，蛋白质与脂肪含量虽都同时提高，但脂肪含量增长速率远快于蛋白质，使脂肪含量与蛋白质含量的比率逐步提高。成熟种子中蛋白质含量因品种而有较大的差异，变幅为 16% ~ 35.2%。各品种类型内不同品种的蛋白质含量均有较大差异。类型之间亦有高有低，没有一致的差异。所以，在花生各种类型内均有可能选出蛋白质含量较高或较低的品种。多数测定结果表明，籽仁蛋白质含量与其含油量呈显著的负相关，相关系数为 - 0.6209。

花生蛋白质中约有 10% 是水溶性的，称作白蛋白，其余 90% 为球蛋白，由花生球蛋白和伴花生球蛋白两部分组成，二者的比例因分离方法的不同为 (2 ~ 4):1。花生球蛋白主要存在于蛋白质粒中，伴花生球蛋白大部分分散存在于细胞质中，其中含有较多的必需氨基酸。在种子发育过程中，伴花生球蛋白主要在早期合成，而花生球蛋白则以中后期合成为主。因此，成熟度较差的花生种仁所含必需氨基酸较多，但蛋白质含量则较低。

3. 优质花生品质形成的调控

花生品质好坏主要取决于品种，目前通过种间杂交、生物技术等育种手段，已经培育出了一些优质品种。品质育种工作的主要障碍是品质与产量的相互制约关系。另外，营养品质中不同组分之间也会出现相互矛盾。如花生的含油量与蛋白质含量之间存在显著的负相关关系，而二者均是极为重要的品质指标。因此，培育专用的油用花生或蛋白用花生品种是花生品质育种的发展方向。

不同栽培条件及措施对花生品质也有一定影响。地膜覆盖栽培、适期早播、中耕松土提高结果层温度，可以在一定程度上提高蛋白质和脂肪含量、增加油脂 O/L 比率。防止结荚期涝害，合理施用氮、钙、钼肥可提高籽仁的蛋白质含量。防止结果层干旱，保持土壤适宜湿度，沙土地压黏土，改善土壤结构，可提高油脂 O/L 比率。选用大粒饱满、种皮完好的种子播种，避免结荚期干旱胁迫，可提高抗黄曲霉素侵染能力，防止黄曲霉毒素污染。此外，避免结荚期干旱胁迫，还可减轻种皮裂痕的发生，改善外观品质。及时收获晾晒、防止霉捂是提高花生品质的重要保证。

随着我国加入世贸组织，国内外市场都对花生品质提出了更高的要求，在花生生产过程中还要注意控制污染，如增施有机肥和生物肥、减少化肥用量，运用生物技术综合防治病虫害、减少农药用量，禁止使用污水灌溉和喷施各种有残留的有毒化学品等。

第四章
花生高效栽培技术

第一节　春花生栽培技术

一　土壤选择与整地施肥

1. 土壤条件

花生对土壤的要求不太严格，除特别黏重的土壤和盐碱地外，均可种植花生。花生是地上开花、地下结果的深根作物，土层深厚、土质疏松通气是高产稳产的基本条件。适宜的土壤条件是耕作层疏松、活土层深厚、中性偏酸、排水和肥力特性良好的壤土或沙壤土。

全土层 50cm 以上，耕作层厚度一般为 30cm，上部结荚层厚度一般为 10cm 的松软土层，土壤固、液、气三相协调。适宜花生种植的土壤 pH 为 5.5~7.0。

2. 轮作换茬

前作施肥、培肥地力是花生增产的基本环节。花生与禾本科作物（棉花、烟草、甘薯等）轮作，既有利于花生增产，也有利于与其轮作作物增产，但花生不宜与豆科作物轮作。

花生忌连作。连作花生病虫害严重，表现为植株矮、叶片黄、落叶早、果少果小、减产明显。试验表明，花生连作一年减产 8.77%~32.82%，连作两年减产 22.52%~26.88%，连作年限越长，减产越严重，但连作 5 年以后产量已很低，减产幅度也降低。

合理轮作，特别是水旱轮作对防治花生枯萎病（包括青枯病、冠腐病）具有良好的效果。

深耕增肥、防除病虫害、选用耐连作品种等措施，在一定程度上可减轻连作危害，但仍不能根本解决连作的影响。

3. 播前整地

播前整地的总体要求是土壤疏松、细碎、不板结，含水量适中，排灌方便，有利于花生的生长发育。

北方由于春季空气干燥，土壤容易丧失水分，播种前通过耙耱结合整地保墒。平作整地适于灌溉条件差或平原沙地；垄作整地适于灌溉条件好或进行高产栽培的地块；垄作或高畦整地则适于低洼地。

南方春季雨水较多，花生地需要起畦，方便排灌，减少渍水。水旱轮作地块，最好采用三级排灌沟。一级沟（畦间小沟）深度20~27cm，底宽17~27cm；二级沟（田间十字沟和四周环田沟）深度27~35cm，底宽27~33cm；三级沟（田外排水沟）深度50cm以上，底宽33cm以上。

4. 施足基肥

基肥是花生壮苗、花多、果多、果饱的基础，施用量应占总施肥量的80%左右，从而实现花生"三叶三个杈，八叶六条丫"（即早分枝、多分枝）的高产基础。

基肥的主要施用方式：一是全层或分层施，肥料数量较多时采用；二是条施（沟施），开行播种时采用；三是集中穴施，肥料数量较少时采用。

> ● 【提示】 以亩产300~400kg的花生田为例，每亩一般施土渣肥2000kg，碳酸氢铵20~30kg，过磷酸钙50kg，氯化钾或硫酸钾15kg，整地前均匀撒施，翻入耕作层。

二 品种选择

应根据当地的自然条件和生产方式选择适宜的品种，北方花生生产区，应选用增产潜力大的大果型、中晚熟的普通型或中间型品种，生育期130天左右；无霜期短、丘陵和一般肥力的地块及南方花生生产区，可选用中早熟的中果珍珠豆型品种。南方春秋两熟制省区，春花生采用上年秋植花生种子作种，称为秋翻留种。

三 播前种子处理

播前要带壳晒种，选干燥的晴天晒种 1~2 天，最好在土晒场上晒，以免高温损伤种子；在剥壳前应进行发芽试验，以测定种子的发芽势和发芽率，要求发芽率达 95% 以上。北方播种前 10~15 天剥壳（南方播种前 1~2 天剥壳，随剥随播，避免过早剥壳使种子吸水受潮、病菌感染或机械损伤）。剥壳后应把杂种、秕粒、小粒、破种粒、感染病虫害和有霉变特征的种子拣出，特别要拣出种皮有局部脱落或子叶轻度受损伤的种子。余下饱满的种子按大小分成两级，饱满大粒的作为一级，其余的作为二级。

四 适期播种

珍珠豆型和多粒型品种地温稳定在 12℃ 以上才能发芽；普通型和龙生型品种则需要在 15℃ 以上才能发芽。一般地，北方大部分花生产区春花生的适宜播期为 4 月下旬到 5 月上旬，即谷雨至夏至；华中地区春花生的适宜播期为 4 月，即清明至谷雨；南方大部分花生产区春花生的适宜播期为 3 月下旬到 4 月上旬，即春分至清明（广东为 2 月，海南为 1 月）。地膜覆盖栽培可提前 10~15 天，河南、山东、河北等地地膜覆盖花生的适宜播期一般在 4 月 10 日~4月 25 日。丘陵旱地地膜栽培花生，延迟到 5 月播种可使花针期与雨季吻合。

五 播种方式

1. 北方花生栽培方式

主要种植方式有以下两种。

1）平作、垄作、地膜覆盖等。

平作：行距一般为 40cm 左右，株距一般为 25cm（图 4-1）。

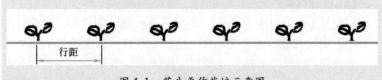

图 4-1　花生平作栽培示意图

【提示】播种方法：对于垄作，先开深5cm的沟，再施种肥，以每穴2粒等距离下种，均匀覆土、镇压。

对于地膜覆盖畦作，有先播种后覆膜和先覆膜后播种两种方法。先播种后覆膜可采用机械或人工进行，机械播种可一次性完成整地、施肥、喷施除草剂、播种、覆膜、压土等工作。人工方法是在畦面平行开两条相距40cm的沟，深4~5cm，畦面两侧均留13~15cm。沟内先施种肥，再以每穴2粒等距离播种，要注意肥种隔离，均匀覆土，使畦面中间稍鼓呈微弧形，要求地表整齐，土壤细碎。然后喷除草剂（乙草胺40~60mL/亩，兑水50~75kg）。之后覆膜，要求膜与畦面贴实无折皱，两边用土将地膜压实。

单行垄作：一般垄距40~45cm，垄高10~12cm（图4-2、图4-3）。

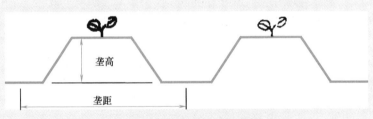

图4-2　花生单行垄作栽培示意图

图4-3　田间花生单行垄作栽培图

双行垄作：一般垄距90cm，垄高12~15cm，小行距35~40cm，大行距50~55cm（图4-4），地膜覆盖栽培全部采用双行垄种，露地栽培也可进行双行垄种。

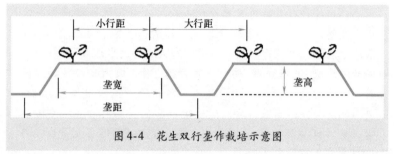

图4-4　花生双行垄作栽培示意图

　　2）小麦、花生两熟制种植方式：麦行套种、麦后夏直播、大沟麦套种、小沟麦套种。

　　大沟麦套种方式，可覆盖地膜。适于中上等肥力土壤，以花生为主，或晚茬麦等条件进行种植。一般垄距90cm，垄高10~12cm，小行距35~40cm，大行距50~55cm，垄宽55~60cm（图4-5）。选用早熟、大穗、边行优势强的小麦品种，小麦产量为平种的60%~70%。

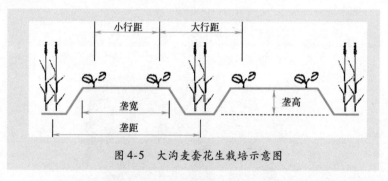

图4-5　大沟麦套花生栽培示意图

　　小沟麦套种方式，小麦秋播前起高约7~10cm的小垄，沟宽13~16cm，内播小麦两行或一行。麦收前20~25天垄顶播种一行花生（图4-6）。选用早熟、大穗、边行优势强的小麦品种，小麦产量为平种的60%~70%。

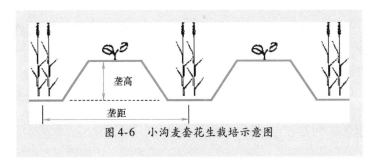

图 4-6　小沟麦套花生栽培示意图

2. 南方春花生栽培方式

种植一般水田花生畦宽 140～150cm（包沟），每畦播种 4～5 行，行距 23～27cm，垄高 15cm，沟底宽 40cm，株距 17～20cm（图 4-7）；干旱坡地花生畦宽 160～200cm（包沟），每畦播种 6～7 行，行距 23～27cm，垄高 15cm，沟底宽 40cm，株距 17～20cm（图4-8）；播种方式为小丛植、单株植和开阔行窄株植 3 种。双粒播行距 23～27cm，穴距 17～20cm；单粒精播行距 20～25cm，穴距 10～14cm。畦种是我国长江以南和美国、印度普遍采用的种植方式，其优点是便于排灌防涝。

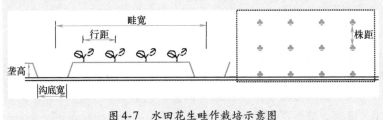

图 4-7　水田花生畦作栽培示意图

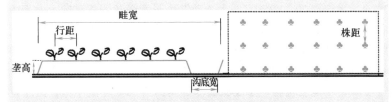

图 4-8　干旱坡地花生畦作栽培示意图

3. 种植方式

北方花生春播有平种、垄种、畦种、地膜覆盖等方式。两熟制花生，前茬主要为小麦，有大沟麦套种、小沟麦套种、行行套种和夏直播等方式，后两者为夏花生。

（1）平种 即平地开沟（或开穴）播种。土壤肥力高，无水浇条件的旱薄地和排水良好的沙土地，均适于平种。平种简单省工，可随意调节行穴距，适合密植，宜于保墒，是北方花生基本种植方式。缺点是在多雨、排水不良条件下，易渍涝，烂果较多，收刨易落果。

（2）垄种 垄种是在花生播种前先行起垄，或边起垄边播种，花生播种在垄上。垄种便于排灌，结果层疏松，通气好，春季升温快，在春季保墒好的条件下，苗壮、烂种轻。起垄种植花生清株彻底、省工，中耕时不易埋苗、压蔓，培土恢复垄形后，有利于通风透光，土壤昼夜温差大，荚果发育好。缺点是起垄要求行距稍大，一般不小于46.2cm。单行垄种：垄距40~50cm，垄高10~12cm。双行垄种：垄距90cm左右，垄高10~12cm，垄面宽50~60cm，种双行，垄上小行距35~40cm，垄间大行距50~55cm。

（3）畦种 也称高畦种植，我国长江以南和美国、印度普遍采用。主要优点是便于排灌防涝，适合于多雨地区或排水差的低洼地以及丘陵地。畦宽140~150cm，沟宽40cm，畦面宽100~110cm，种4行花生。北方的鲁南和苏北，也有畦种习惯，也称"小万"种植。畦宽视地势而定。

（4）大沟麦套种 小麦播种前起垄，垄底宽70~80cm，垄高10~12cm，垄面宽50~60cm，种2行花生，垄上小行距30~40cm，垄间大行距60cm；沟底宽20cm，播种2行小麦，沟内小麦小行距20cm，大行距70~80cm。花生播种期可与春播相同或稍晚，畦面中间可开沟施肥，也可覆盖地膜，或结合带壳早播。这种方式适用于中上等肥力土壤，以花生为主，或晚茬麦等条件。一般小麦产量为平种小麦的60%~70%，花生产量接近春花生。

（5）小沟麦套种 小麦秋播前起高约7~10cm的小垄，垄底宽30~40cm，垄面种1行花生；沟底宽5~10cm，用宽幅耧播种1行小麦，小麦幅宽 5 ~ 10cm。麦收前 20 ~ 25 天垄顶播种花生。

（6）花生的播种方式 有双粒条播、单粒条播、小丛穴播、宽窄行、宽行窄株等。一般每穴播种 2 ~ 3 粒，播种深度以 16 ~ 17cm 为宜，地膜栽培播种深度为 3cm，先播种后覆膜方式，出苗开膜孔后要在孔周围盖一把土；先覆膜方式则在播后压实时在膜孔上盖土。

4. 播种方法

1）垄作。开沟深 5cm 左右，因墒情而定。先施种肥，再以每穴 2 粒等距离下种，均匀覆土；镇压。

2）覆膜栽培。分先播种后覆膜和先覆膜后播种两种方法。先播种后覆膜可采用机械或人工进行。机械播种可一次性完成整地、施肥、喷施除草剂、播种、覆膜、压土等工序。人工方法是在畦面平行开两条相距 40cm 的沟，深 4 ~ 5cm，畦面两侧均留 13 ~ 15cm。沟内先施种肥，再以每穴 2 粒等距下种，务必使肥种隔离，均匀覆土，使畦面中间稍鼓呈微弧形，要求地表整齐，土壤细碎。然后，喷除草剂乙酰胺，每亩用量 40 ~ 60mL，兑水 50 ~ 75kg 喷洒。如墒情不好，要加大兑水量，均匀喷洒，使土壤保持湿润。最后，用机械覆膜或人工覆膜，要求膜与畦面贴实无折皱，两边攒土将地膜压实。最后在播种带的膜面上覆土成 10 ~ 12cm 宽、6 ~ 8cm 高的小垄。

5. 种植密度

花生合理密植的密度范围掌握在结果期封行为宜，合理密植的花生长相总的要求是"肥地不倒秧，薄地能封行"。一般生产条件下，珍珠豆型花生种植密度为 1.8 万 ~ 2.2 万穴/亩；普通型花生为 1.1 万 ~ 1.4 万穴/亩，基本控制在 15cm × 27cm 为宜。在生育期长，植株高大，分枝性强、蔓生型品种，以及高温多雨、土壤肥沃、管理水平高的条件下应适当稀植。反之则密一些。

六 施肥与水分管理

1. 施肥方法

花生施肥应掌握以有机肥料为主，化学肥料为辅；基肥为主，追肥为辅；追肥以苗肥为主，花肥、壮果肥为辅；氮、磷、钾、钙配合施用的基本原则。

（1）基肥 花生基肥施用量一般应占施肥总量的70%～80%，以腐熟的有机质肥料为主，配合过磷酸钙、氯化钾、石灰等无机肥料。基肥的氮、磷、钾可按1:1:2的比例施用。基肥用量少的，宜集中作盖种肥，以利幼苗生长。草木灰、硫酸钾、石灰等宜结合播前整地，均匀撒施，耙匀后起畦播种。过磷酸钙要提早15～20天以上与腐熟土杂肥堆沤，以利于提高磷肥的肥效。

（2）追肥 应以幼苗期追肥为主，花期、结荚期追肥为辅，饱果期根据植株状况决定是否根外追肥。

苗期3～5叶期施用速效性氮肥，对促进分枝早发壮旺和增加花、荚数等方面有良好的效果。一般每亩用尿素5～6kg，或人畜粪水1500～2000kg。

开花、结荚期始花后对养分吸收激增，但根瘤菌也开始源源不断地供应花生氮素营养，如追施氮肥过量，春花生易引起后期茎叶徒长和倒苗现象。因此开花以后一般不进行根际追施氮肥，而主要是抓住花生始花期结合最后一次中耕除草，施用钙肥和钾肥。通常每亩施用石灰和草木灰各25～50kg。

2. 花生的需水规律

花生有较强的耐旱能力，同高粱和谷子一样被称为"作物界的骆驼"。据测定，花生每合成1g干物质需消耗水分450～500g。不同生育阶段需水总趋势是两头少、中间多，即幼苗和饱果期需水较少，开花结果期需水多。各生育期需水量占全生育期的需水量为：播种至出苗3.2%～7.2%，齐苗至开花11.9%～24%，开花至结荚阶段中熟大花生48.2%～59.1%；早熟花生52.1%～51.4%。饱果成熟阶段中熟大花生22.4%～32.7%；早熟种14.4%～25.1%。花生需水临界期为盛花期，需水最多的时期为结荚期。即盛花期是花生一生对水分最敏感时期，一旦缺水，对花生产量造成的损失最大，而结荚期为花生一生需水最多时期，缺水干旱造成的产量损失很大。故这两个生育期要保证水分供应，不能缺水。

3. 花生水分管理

花生的水分管理应该是既要保证有充足的水分供应，尤其是花针期和结荚期，又要防止干旱和水分过多对花生的危害，一般以保持土壤最大持水量的 50%～70% 为宜。当持水量低于 40% 以下时，应注意灌水；灌水方法要采取顺垄沟灌，不能漫灌，灌后适当时间要对垄沟进行一次深中耕保墒防旱。当持水量大于 80% 以上时，应注意排水。不同生育期水分管理的要求有所不同。可概括为"燥苗、湿花、润荚"。就是苗期宜少，土壤适当干燥，促进根系深扎和幼苗矮壮；花针期宜多水，土壤宜较湿，促进开花下针；结荚期土壤润，既满足荚果发育需要，又防止水分过多引起茎叶徒长和烂果烂根。据此，苗期土壤水分控制在田间最大持水量的 50% 左右，花针期 70% 左右，结荚期 60% 左右，饱果期 50% 左右较为适宜。

七 田间管理

1. 查苗补苗

当花生出苗后，要及时进行查苗，发现缺苗严重，要及时补苗。一般在出苗后 3～5 天进行该项工作。

> **【提示】** 补苗措施主要有 3 种：①贴芽补苗，即在田间空地种植一些花生，待子叶顶出土面尚未张开进行移栽培育；②育苗移栽；③催苗移栽，该法具有节省用工、节省种子、节省时间，保证成活的优点。

2. 清棵壮苗

苗基本出齐时进行清棵壮苗。先拔除苗周杂草，然后把土扒开，使子叶露出地面。注意不要伤根。清棵后经半个月左右再填土埋窝。

引升子叶节出土是近年来使用的新技术。花生在出苗过程中顶裂表土，裂缝透光，芽苗见光后下胚轴停止生长是子叶节不出土的根本原因。传统栽培法是花生齐苗后进行清棵蹲苗。引升子叶节出土则改变了传统的平播垄作栽培。即露地栽培要按播种行的宽窄，做好垄，然后在垄上播种花生，再覆土成尖形顶的垄，当播种后 7～8 天，留下子叶上面 1cm 厚的薄土，把上面的浮土撒行上堆成高 7～8cm 的土垄，当花生出苗时，将膜上的土垄撒掉。据试验，通过引升子叶节可使每株花生增加果实 4～5 个，甚至更多。实现花生种植机械化减粒增穴、单株密植技术和直播覆盖膜引升子叶节出土技术的实施，可实现花生种植机械化。

> **【提示】**
>
> ① 清棵过早，幼苗太小，扒出土后对外界环境抵抗能力弱。
>
> ② 清棵过晚，第一对侧枝基部埋在土中时间长，侧枝细弱，基部节间长，影响清棵效果。
>
> ③ 清棵深度以 2 片子叶露出为准，清棵时要注意不能损伤或碰掉子叶。

3. 中耕除草

在苗期、团棵期、花期进行 3 次中耕除草。注意防止苗期中耕拥土压苗；花期中耕防止损伤果针。

4. 控制徒长

北方覆膜花生高产田，或者南方春花生，由于水肥条件较好，前期生长发育快，中期生长旺，结荚初期易发生徒长现象。应用 50g 多效唑兑水 50kg 喷洒，但要避免喷洒在果针上。对徒长趋势严重的田块隔 7~10 天再次喷药控制。

5. 病虫害防治

花生病害主要有褐斑病、黑斑病、锈病、病毒病、根腐病等；虫害主要有蛴螬、蚜虫、银蚊夜蛾等（具体见第五章内容）。

八 收获

生产上一般以植株由绿变黄、主茎保留 3~4 片绿叶、大部分荚果成熟，作为田间花生成熟的标志。此时，珍珠豆型花生品种饱果率达到 75% 以上，中间型中熟品种饱果率达到 65% 以上，普通型晚熟品种饱果率达到 55% 以上。

目前生产上花生收获方式有拔收、刨收、犁收、机械收获等。

第二节　麦套花生栽培技术

麦田套种花生就是在小麦收获前，将花生播种在小麦行间，待小麦收获时，花生已经出苗，借以延长花生生育时期，弥补热量资源的不足，实现小麦、花生一年两熟。目前，麦套栽培技术是黄淮海地区主要种植方式，鲁西及河南更集中采用的一种栽培方式。

一 选择地块

选择土层深厚，质地疏松，保水保肥，排灌方便，中等以上肥力的生茬、麦茬地种植。

1）小麦深耕。适度深耕对创造高产土体，协调气、水矛盾，提高小麦套种花生产量都有显著作用。从生产实践看，连续三年麦套花生，只在第一年种麦前深耕 1 次，经济有效，不需要年年深耕。

2）小麦增肥。麦套花生不能施基肥，产量高低依赖于土壤基础肥力和麦田施肥情况，应在小麦播种前施足两作所需肥料或在春季麦田多施肥。具体施肥数量为：秋收后种麦前，结合耕地每亩铺施优质圈肥 3000~4000kg，过磷酸钙 50kg，三元复合肥 50kg。种小麦未施肥料的为了平衡地力，持续增产，在第二年春季，小麦返青后，每亩施尿素 20kg，三元复合肥 50kg，并沟施于麦垄内作花生种肥。

二 选种与播种

1）选用优良品种。选用优良品种是提高花生单产的重要途径。麦套花生应选用适应性强的品种。花生由于套种延长了生育期，同时考虑到小麦对花生的影响，要选择中熟或中早熟、株丛紧凑、结果集中、荚果发育速度快、饱果率高的大果型品种，如花育 19 号、豫花 9327 等品种。

2）晒种。剥壳前晒种 2~3 天，以促进种子后熟，提高种子的活力。播前要带壳晒种，选晴天上午，摊厚 10cm 左右，每隔 1~2h翻动 1 次，晒 2~3 天。剥壳时间以播种前 10~15 天为好。剥壳后种仁大而整齐、籽粒饱满、色泽好，没有机械损伤的一级、二级大粒作种，淘汰三级小粒。

3）拌种。提倡利用多菌灵、五氯硝基苯等药剂拌种，防止苗期病害。用钼酸铵或钼酸钠以种子量的 0.2%~0.4%拌种。

4）合理密植。种植方式主要根据小麦种植方式，以保证密度为原则。小麦等行距，23～30cm 均可，以 25～27cm 为宜，采用"行行套"的方法，每行都套种花生，使行、穴距大致相当，充分利用空间，也利于保证密度。每穴 2 粒，若行距 27cm 左右，则穴距 25cm 左右。麦套花生采用宽行 40cm，窄行 20cm 的宽窄行种植方式，便于田间管理，又能改善田间通风透光条件，有利于发挥边行优势。较垄垄套种和隔两垄套种增产显著。

三 种植方式

1）大垄宽幅麦套种。小麦畦宽 90cm，畦内起宽 50cm、垄高 8～10cm，垄沟内播一条 20cm 的小麦宽幅带。麦收前 40～60 天，在垄上覆膜套种 2 行花生，垄上行距 30cm 左右，穴距 15～18cm，每亩播 8230～9880 穴。

2）小垄宽幅麦套种。秋种时，用不带犁铧的犁扶一小垄，垄距 40cm。垄沟内，用一宽幅耧播一条 5～6cm 的小麦宽幅带，小麦行距 34～35cm。于麦收前 20 天左右，在垄上用花生套种耧套种 1 行花生，穴距 16～18cm，每亩播 9300～10500 穴。

3）小麦 30cm 等行距套种。于麦收前 15～20 天，在麦行间平地（不起垄）套种 1 行花生。穴距 19～22cm，每亩播 10000～11500 穴。

4）适时套种。套种适期主要取决于小麦冠层大小，同时考虑土壤水分状况。适时播种，一播全苗，是提高麦套花生单产的基础条件。

> ➡ **【提示】** 中高产麦田，遮阴严重，套种适期为麦收前 10～15 天。低产麦田可适当提前到麦收前 20～25 天甚至 30 天套种。套种时间还必须考虑土壤墒情，水浇地应在播种前 7～10 天，结合浇小麦灌浆水造墒，若墒情不足，又来不及造墒，可先适期播种，播种后浇蒙头水。足墒播种是达到苗齐苗全的关键措施。无水浇条件的中低产田主要看土壤墒情，抢墒播种。

5）合理密植。麦套花生适宜的种植密度为每亩 9000～11000 穴，每穴 2 粒，高肥水地、大籽粒型取下限，中、低肥水地，小果型取上限。麦套花生能否全苗，是实现密植高产的关键，应主要抓好精选种子、足墒播种、播深一致等措施。

四 田间管理

1. 中耕

（1）灭茬　花生播种出苗后，必须及时进行田间管理。麦收后及时中耕灭茬，消灭杂草，破除板结，促进根系和根瘤发育及侧枝生长。

（2）清棵蹲苗　基本齐苗开始花生清棵，暂不中耕，需要经过一段时间蹲苗，使其第一对侧枝和第二次分枝得到健壮生长，之后，再中耕，才不致影响清棵的效果。若中耕过早，把第一对侧枝基部又埋在土中，就失去了清棵的作用。一般清棵后 15 ~ 20 天，花生茎枝基部节间由紫变绿，二次分枝开始分生时，即始花前，再进行中耕效果较好。

（3）中耕除草、保墒　结合灭茬，三次中耕，结合施肥、浇水，进行松土保墒，破除板结，消灭杂草和以杂草为中间寄主的蚜虫、红蜘蛛等病虫害，促苗早生快发。头遍深挖，两遍浅刮，三遍细如绣花，第一次在收麦后迅速进行中耕灭茬，此时，花生主茎 3 ~ 4 片叶，结合追肥，灭草保墒。第二次中耕在始花前结合追施钙肥进行，要求浅锄，刮净杂草，尽量使花生茎基部少掩土，以保持蹲苗的环境；第三次中耕在花生单株盛花期，群体接近封行时进行，结合培土迎针（垄顶平、垄腰胖），但要轻慢细锄为宜，不能碰伤入土果针和结果枝。

（4）除草剂使用　麦套花生化学除草应选用茎叶处理型除草

剂，又称芽后除草剂（地膜覆盖用芽前除草剂）。常用的花生田芽后除草剂有盖草能、苯达松、灭草灵等。一般以杂草 3～5 叶期进行使用为宜，选择高温晴天时用药，防除效果好，阴天和低温时药效较差。

2. 施肥

配方施肥：按照每生产 100kg 荚果需纯氮 5kg、纯磷 1kg、纯钾 2.5kg 原则；轻氮、重磷、钾；即生产 100kg 荚果，氮减半，施 2.5kg；磷加倍，施 2kg；钾全施，施 2.5kg。

酌施微肥：花生出现黄化现象时，用 0.2%～0.3% 硫酸亚铁水溶液在初花期叶面喷洒 3 次。

钼肥：钼能提高根瘤菌固氮能力。用钼酸铵或钼酸钠以种子量的 0.2%～0.4% 拌种、0.1%～0.2% 的水溶液浸种，0.02%～0.05% 水溶液在幼苗期、花针期叶面喷洒。

硼肥：增加叶绿素含量，促进根瘤的形成，提高结实率和饱果率。硼酸或硼砂作基肥 0.5～1kg/亩，0.02%～0.05% 的硼酸水溶液浸种或 0.10%～0.25% 水溶液于开花期叶面喷洒。

锰肥：可提高单株结果数，降低空果率。以 0.1% 硫酸锰水溶液浸种或喷叶，或每千克种子用 4g 拌种。

锌肥：促进花生茎叶生长，以 0.02%～0.10% 硫酸锌水溶液喷施或浸种，可以促进花生对氮、钾、铁肥的吸收。

(1) 小麦施肥　应在小麦播种前施足两作所需肥料或在春季麦田多追施肥料。具体施肥数量为：秋收后种麦前，结合耕地每亩铺施优质圈肥 3000～4000kg，过磷酸钙 50kg，硫酸钾三元复合肥 50kg。（在第二年春季，小麦返青后，每亩施尿素 10kg，硫酸钾三元复合肥 20kg，并沟施于麦垄内作为花生种肥。）

(2) 科学追肥　在麦收后要立即结合一次中耕灭茬及早追肥，促使花生正常生长。一般每亩施尿素 10～15kg、过磷酸钙 30～40kg、硫酸钾 7～10kg，或花生专用肥 30～40kg。施肥后遇旱浇水。始花期时（6 月 25 日前后）进行第二次中耕，并注意拔除杂草，并结合中耕，亩施石膏粉 30kg 于结荚层中，以促荚果发育，减少空壳，提高饱果率。盛花期（7 月 15 日前后）进行第三次中耕，达到头遍深二遍浅三遍拥土迎果针的目的。

叶面喷肥，防止早衰。从结荚后期（8月25日前后）开始，每隔7~10天，叶面喷施一次2%~3%的过磷酸钙澄清液或0.2%~0.3%的磷酸二氢钾水溶液（长势弱的喷洒1%~2%的尿素和0.2%~0.3%的磷酸二氢钾混合液），连喷2~3次，每亩每次50kg，以保护顶部叶片，延长叶功能期，促进花生籽粒饱满。此外，花生还需要大量的微量元素。很多花生种植区，由于土壤缺铁，引起叶片黄化，影响光合作用的进行，造成减产。对此可用0.2%硫酸亚铁溶液于新叶发黄时施，连续喷洒2次，一般可增产花生10.8%左右。另外，开花期叶面喷施0.2%的硼砂，或在播种前用0.1%~0.5%硫酸锌溶液浸种也有明显的增产效果。

3. 浇好关键水

麦收后如遇干旱，要立即浇水，促进壮苗早发；开花下针期和结荚期是花生的需水临界期，要根据降雨情况及时适量浇水；饱果成熟期，如遇秋旱，应立即轻浇润浇饱果水，以增加荚果饱满度。

4. 化学调控

盛花期之后、有效花期结束（7月下旬后）重点防徒长，主茎高度达到35~40cm的旺长地块，用壮丰安每亩30mL兑水50kg喷雾。

5. 病害防治

1）枯萎病。枯萎病常见的是根腐病（烂根病）和茎腐病（茎基部组织腐烂的掐脖瘟）两种。

花生茎腐病、根腐病的防治方法为：播种前用50%的多菌灵可湿性粉剂按种子量的0.3%~0.5%拌种。在苗期和开花前用50%多菌灵可湿性粉剂1000倍液，或70%甲基托布津可湿性粉剂800~1000倍液喷雾防治。

2）叶斑病。分黑斑病、褐斑病两种，叶斑病在发病初期，田间病叶率达10%~15%时，用50%多菌灵可湿性粉剂或70%甲基托布津可湿性粉剂1000倍液喷洒，或25%的瑞毒霉2000倍液喷雾，7~10天1次，连喷2~3次，每亩每次喷药液50kg。

3）青枯。进行轮作2年；选用抗病品种；开展化学防治，花生播种后 30～40 天，每亩用 750g 青枯散菌剂，兑水 300kg 喷洒根部。

6. 虫害防治

1）蛴螬。

① 农艺措施。轮作；冬季翻耕；增施腐熟有机肥；种植蓖麻诱集带；黑光灯诱杀金龟子，同时诱杀小地老虎。

② 生物药剂防治。播种时用白僵菌剂每亩 1kg 施入播种沟。

③ 成虫化学药剂防治。成虫盛发期产卵前，在成虫活动的地边或树木上喷洒 40% 氧化乐果 1000 倍液。蛴螬在培土迎针时，每亩用 50% 辛硫磷乳油 250g，加细干土 20～25kg 拌匀制成药土，顺垄散施于植株附近，然后中耕培土。

2）棉铃虫、斜纹夜蛾。幼虫 3 龄前用增效 Bt 叶面喷洒，或青虫特 DP1000 倍液、杨康生物杀虫剂 300 倍液防治；成虫期用 0.1% 草酸喷洒 3 次。

3）蚜虫、红蜘蛛。应用 EB-82 灭蚜菌剂，每亩 250mL 兑水 50kg；或者用植物提取液百草 1 号（苦参碱）50mL 兑水 50kg，兼治红蜘蛛（氧化乐果）。或用阿维菌素等生物农药防治。

五 收获

麦套中熟大花生的适收期一般在 10 月初，成熟的标志是地上部绿叶数控制在 5 片以下，叶片动态变化消失，地下部钢壳铁嘴。

第三节　花生覆膜栽培技术

花生地膜覆盖栽培是一项新兴的栽培技术，具有增温调湿、保墒提墒、延长生育期、改善土壤理化性状、防控杂草、减少病害和防风固沙保持水土等多种综合效应，因而增产效果显著，比露地栽培增产 15%～30%，高者可达 50%。现在北方平原沙土花生区已推广多功能、高效率的覆膜播种机（图 4-9），起垄、施肥、播种、喷药、压土等工序一次完成。南方丘陵旱地也有应用。

图 4-9　花生覆膜播种机

一　品种选择

可以选用增产潜力大的中晚熟大粒品种，如中花 5 号、中花 8 号、豫花 15 号、豫花 9327、花育 19 号、花育 16 号、鲁花 11 号、鲁花 14 号、花育 22 号、花育 25 号、丰花 1 号、丰花 5 号、潍花 6 号、湘花 2008、湘花 618 等。

二　地膜和除草剂选用

1）地膜规格。膜宽以 85 ~ 90cm 为宜，膜厚 0.007 ± 0.002mm（用量 65 ~ 70kg/公顷）为宜［但生产也存在超微膜（厚 0.004mm，用量 42 ~ 45kg/公顷）效果较差，成本较低］，透光率以 ≥70% 为宜，展辅性能要求断裂伸长率纵横 ≥100% 为宜，确保机播覆膜期间不碎裂。近年又生产推广了带除草剂的药膜、双色膜和降解膜。

2）选用除草剂。由于覆膜花生垄面不能中耕，花生覆膜前必须喷除草剂。目前生产上适宜的除草剂主要有甲草胺、乙草胺、扑草净、噁草酮、异丙甲草胺等，在覆膜前均匀喷施。

三　增施肥料

地膜花生长势旺，吸肥强度大，消耗地力明显，应选用肥地，并增施肥料，尤其是有机肥。播种前施足基肥，一般不追肥。对于南方瘠薄旱地，如果施肥量尤其有机肥少的情况下，不宜全程覆膜，以免花生早衰明显，增产不明显，且地力消耗太大。

四 整地施肥

花生不宜重茬，一般连作 2 年减产 10%，连作 3 年减产 30%，应与其他作物（小麦、水稻等）轮作换茬。深浅轮耕，每 3 ~ 4 年进行 1 次深耕。整地时要精细，深耕深度 25 ~ 30cm，浅耕深度一般为 15 ~ 25cm，细耙多遍，确保土壤上松下实，通透性良好。要根据花生生产水平、土壤主要养分的丰缺等确定施肥量，每生产 100kg 荚果需要吸收氮 6kg，磷 1kg，钾 3kg，其中一部分氮素来自根瘤菌。施肥以有机肥为主，化肥为辅，一般每亩施优质土杂肥 3500 ~ 4000kg，尿素 5kg，过磷酸钙 20kg，氯化钾 6 ~ 8kg，土杂肥与化肥混合，结合整地深施和匀施。

五 做畦与播种

1）做畦。北方覆膜栽培的垄距 85 ~ 90cm，垄高 10 ~ 12cm，垄面宽 55 ~ 60cm，垄沟宽 30cm，双行种植，垄内小行距不小于 35 ~ 40cm，穴距 15 ~ 18cm，每公顷 12 万 ~ 1 万穴。南方分厢覆膜栽培的膜宽以 150 ~ 200cm 为宜。起垄标准是"面平埂直无坑洼，墒足土碎无坷垃"。覆膜质量标准是：趁墒、辅平、拉紧、贴实、压严（图4-10）。

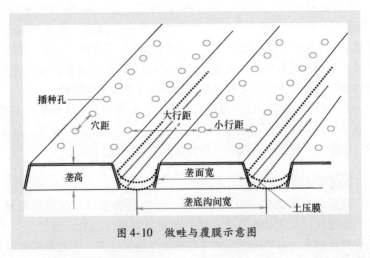

图 4-10　做畦与覆膜示意图

2）播期。覆膜栽培可使 5cm 表层地温提高 2 ~ 3℃，覆膜栽培比露地栽培播期可提前7~10天。覆膜春花生以4月10日~4月25日播种为宜，覆膜夏播播种越早越好。

3）播种。双行种植，垄内小行距不小于35~40cm，穴距15~18cm，平均12万~15万穴/公顷，春花生适宜密度应为13.5万~15万穴/公顷，夏花生应为15万~18万穴/公顷，每穴2粒。目前有两种播种方式：一是采用先覆膜后打孔播种（适用于劳力充足，土壤墒情好的地区），按密度规格打孔播种，一般孔径3cm，孔上覆土呈5cm土堆，每穴2粒；二是先播种后覆膜（适用于劳力紧张，土壤墒情差的地区和机械化播种的情况），要求垄畦宽度与地膜规格适应，在播种沟处膜上压厚约5cm的土埂。

六 覆膜方式

有人工覆膜和采用地膜覆盖机两种，人工覆膜方法：一人顺膜展膜拉紧，两人在两边培土，达到"实、严、紧"（图4-11）。"实"就是将地膜两边垂直埋入畦两边土中并踩实。"严"是地膜要紧贴畦面而不留空当。"紧"是纵模适度要拉紧，最后，每隔3~5m压一横带，防风刮揭膜。花生地膜覆盖机，既省工省时，又能提高播种质量，确保苗全、齐、匀、壮。

覆膜时要求膜面平整无褶，膜边严实牢固，做到日晒不起泡，大风吹不掉。如压土不严，地膜易被风刮坏，会造成跑墒、地温下降，影响花生的出苗和生长。

花生机播覆膜播种规格（图4-12），垄距为85cm，垄面宽为55cm，

图4-11 人工覆膜

图4-12 机器覆膜

垄面种2行花生，垄沟为30cm，小行距为35cm，大行距为50cm，穴距16.5cm，每亩9500穴（2粒/穴）。

七 田间管理

1）查田护膜。要经常深入田间细致检查，发现风刮揭膜、膜面封闭不严和破损时，要及时盖严、压实。

2）开孔放苗。对于先播种后覆膜的花生顶土鼓膜时，应及时开孔放苗（图4-13）。

图4-13　开孔放苗

3）清棵放枝。花生第一侧枝伸展期，应及时清棵放枝，并将植株根际周围浮土扒开，释放第一对侧枝，同时，用土封严放苗膜孔。

4）旱灌涝排。当0～3cm土壤水分低于田间最大持水量的40%，中午叶片萎蔫，夜间尚能恢复时，应立即采沟灌、润灌的措施，有条件的也可以进行喷灌或滴灌。由于花生具有"地干不扎针，地湿不鼓粒"的特点，因此，应及时进行浇灌，如遇雨水过多或排水不良时，应及时排涝。

5）防治病虫害。花生的主要害虫有蚜虫和叶螨，可结合测报喷洒杀虫剂，如乐果、阿维菌素、杀灭菊酯等，结合喷洒80%多菌灵可湿性粉剂1000倍液、或75%百菌清可湿性粉剂600～800倍液、或70%代森锰锌可湿性粉剂600倍液等防治叶斑病（包括黑斑病和褐斑病），10～15天防治1次，连续防治2～3次。

6）控制徒长。覆膜花生田，由于土壤生态环境条件的改善，生长发育快，特别是高水肥田块，结荚初期植株易发生徒长现象，当主茎高达到40cm时，应每亩叶面喷施150mg/kg的多效唑溶液50kg，控制徒长。

7）根外追肥。为防止覆膜花生后期因脱肥早衰，可喷0.5%～1%的尿素溶液，或0.2%～0.4%的磷酸二氢钾溶液，也可喷1000

倍的硼酸溶液或 0.02% 的钼酸铵溶液。

八 收获

盖膜花生一般比露地花生提前 10～15 天成熟，正常情况下，植株呈现衰老状态，顶端生长点停止生长，大多数荚果的荚壳网纹明显，籽粒饱满，就应及时收获。

现在推广的地膜在自然界一般不会分解，40% 压在土里，影响耕作和下茬作物根系的生育，妨碍土壤水分运动；30% 挂在棵上妨碍机械脱果和污染牲畜饲料；还有 30% 随风漂流，污染环境。因此，收获时应拣出土壤中的残膜，摘下棵上残膜。

第四节　花生覆膜大垄双行机械化栽培技术

花生覆膜大垄双行机械化栽培技术集成了花生覆膜栽培技术、大垄双行栽培技术和机械化栽培技术的优势，以 90cm 的大垄上播种间距 20cm 的两垄花生，随后实施覆膜栽培技术。

一 选择地块与整地

根据花生的生长特点，选择通透性好、保水保肥、土层深厚、质地疏松、排灌方便的沙壤土或壤土的生茬地块，避开低洼易涝与盐碱地块。花生根系发达，应选择土层深厚、耕层疏松，土壤有机质在 1% 以上，且保水、保肥、不重茬、不迎茬的沙壤土或壤土。花生整地要求深翻 20cm 以上，特别是机械覆膜种植花生的地块，用旋耕机必须细耙，彻底清除根茬、石块，达到土壤细碎、平坦，耙后及时镇压，确保墒情。

二 播前准备

1）选用优良品种。要选择具有增产潜力、品质好、抗逆性强的珍珠豆型花生品种，如花育 20 号、花育 23 号、鲁花 12 号、远杂9102、提纯复壮的白沙 1016 等。花生种剥壳前，应晒果 2～3 天，提高花生种子活力和消灭部分病菌。剥壳后还要进行分级粒选并使用花生专用型种衣剂进行种子包衣，以减轻病虫害为害，提高出苗率。

2）选择地膜。选择具有除草功能的黑地膜或具有渗水、保水、增温、调温、微通气、耐老化等多种功能的渗水地膜。使用时要用连丰除草剂封闭灭草。

三 起垄覆膜

垄距90~100cm、垄高10~12cm、上台面宽60~70cm，或原垄覆膜，用110cm宽的膜覆在两条50cm的垄上。起垄的同时施入腐熟的有机肥3000~4000kg，含氮、磷、钾各为15%的撒可富50kg或二铵35kg加氯化钾15kg，以保证花生整个生育期对养分的需求。起垄后进行覆膜，覆膜前每亩用连丰、乙草胺或都尔100~150g兑水40~60kg均匀喷洒在台面上，进行土壤封闭除草。地膜花生的表层土壤含水量应达到70%~80%。若墒情不好，要造墒覆膜。

四 合理施肥

由于地膜花生生长发育快、产量高，需要从土壤中吸收的养分多，所以必须增施农肥，并配合施用适量的氮、磷、钾、钙肥及微量元素肥料。一般地力水平条件下，亩产量达到300kg，要求施优质农家肥2000kg基础上，配合三元复合肥（氮、磷、钾各15%）20kg；或硫酸铵30~40kg，过磷酸钙40~50kg，硫酸钾5~10kg。

> ➡ 【提示】 在施肥时，一般优质农肥结合秋翻一次性作基肥施入，化肥放在花生机械覆膜播种机的施肥斗内，随着机械播种覆膜的进行，肥料就集中侧深施在播种沟内，种肥之间是隔离的。

五 播种与除草

1）播种时期。珍珠豆型的早熟花生品种，在5cm地温稳定在12℃以上时播种。普通型中晚熟品种在5cm地温稳定通过15℃以上时播种。

2）播种方法。花生大垄双行机械覆膜做出的垄底宽90cm，垄面宽70cm，垄高12cm。垄上播种2行花生，小行距40cm，穴距15~17cm。播种方法：一是由小型拖拉机牵引，播种、施肥、打除草剂、覆膜、膜上培土一次性完成。待花生出苗之后需要"破膜引苗"。二是用机械先覆膜后人工播种，在花生垄面上播种的 2 行花生之间按行距 35 ~ 40cm、穴距 15 ~ 17cm 的密度规格用圆木棒打孔，打孔直径 4 ~ 5cm，深 3.5cm 左右。每孔播放 2 粒种子，然后用湿土将孔封严实。这样播种可确保一次播种保全苗，自行顶土出苗，无须人工引苗。比机械播种用种量少 2.5kg/亩，实现精量播种的目的。

3）药剂除草。每亩用 50% 的禾宝乳油 0.15 ~ 0.20kg，兑水 60 ~ 75kg，随花生覆膜播种机喷施，除草效果好；花生播完后，在花生垄之间的垄沟每亩用草必净 0.15 ~ 0.20kg，兑水 60 ~ 75kg 喷雾除草。

六 病虫害防治

1）花生蚜虫的防治。在花生中前期是蚜虫发生期，防治方法是用 40% 氧化乐果乳油 800 倍液或 20% 广克威乳油 1000 倍液进行叶面喷雾防治。

2）花生叶斑病防治。当植株叶斑病达到 5% 时，叶面喷施 500 倍的多菌灵与代森锰锌的混配液，连续喷 3 次，间隔 12 ~ 15 天喷 1 次。

3）地下害虫的防治。花生地下害虫主要有蛴螬、金针虫，可用辛硫磷等农药灌墩。

七 适时收获

适时收获是花生丰产丰收的重要环节，确定收获时期，要做到"三看"：一看地上长相，植株顶端不再生长，中下部叶片大部脱落，上部叶片变黄，傍晚时叶片不再闭合，表明植株衰老，抓紧时间收获。二看地下荚果发育情况，拔起植株，多数荚果网纹清晰，剥开荚果，果壳内的海绵层有金属光泽，籽粒饱满，种皮发红，表明成熟，应立即收获。三看自然气候变化，昼夜平均气温在 15℃ 以下时，荚果不再生长，应立即收获。

第五节　花生控制下针栽培技术

控制下针（AnM）栽培法是我国著名花生专家、山东莱阳农学院沈毓骏教授研究发明的一项新技术。它通过控制花生下胚轴的曝光时间和植株基部的大气温度，促进内源激素乙烯的产生，从而控制下胚轴的伸长和果针的入土时间，减少过熟果和空秕果，达到果多、果饱满的目的。

该法具有出苗齐、生长壮、第一对侧枝发育快、下针集中、结果整齐、成熟一致等特点，一般增产20%左右，高者可达35%以上。不仅适用于花生露地栽培，也适用于覆膜栽培，还适于机械化操作。

一 引升子叶节出土（A环节）

主要通过培土，引升子叶节，使其露出地面（或地膜），以便控制早期花下针。采用露地栽培的花生，起垄播种时，播种后改扶平顶为尖形顶（其横断面很像一个大写字母"A"，也叫"A环节"）；平地播种时，则在播种后覆土使其成尖形顶的粗垄。

> 【提示】
>
> ① 撤土的时期。垄顶距种子约为8cm，下胚轴长3~4cm时（一般在播种后10天左右），撤去垄顶上的浮土，仅在子叶上面保留1cm厚的薄土层。
>
> ② 撤土的工具。可用铁笆子背或立着手掌进行，熟练后也可以使用其他器具。
>
> ③ 撤土的时间。下午3:00~4:00，由于芽苗在土内尚未曝光，下胚轴继续伸长，一般第二天清晨子叶节即可升出地面（出苗前的撤土实际取代了常规栽培中的出苗后的清棵）。
>
> ④ 撤土的标准。留下子叶上面约1cm厚的薄土层，把上面的浮土撤至垄的两侧面上，撤土后土面无裂缝，芽苗不见光。

采用地膜覆盖栽培的花生，播种后立即或在出苗前、芽苗顶土或能辨穴迹但仍未见光时，刨取畦沟土盖至播穴膜上，细碎、勿压，成高5cm的锥形土堆，小土堆重约450g，足可延迟芽苗曝光至子叶节升出膜面0.5cm左右，重量也足以稳压薄膜使花生苗自行穿透将子叶节升出。子叶节出膜后，撤土回沟。先覆膜后播种的花生田，按穴扎一指形孔，播入种子后，随即盖小土堆。若在子叶节升出膜面前遇雨而使土堆结块，应及时采取措施，消除土堆上的裂缝，防止芽苗过早曝光。撒土时个别子叶节还未升出膜面的，仍将继续覆盖小土堆，至子叶节升出后再撒土。

花生出苗后，只要田间基本无草，表土也不板结，一般不进行中耕；需要中耕时，可采用退行深锄垄沟的办法，锄只前拉不推抹，更不能破垄，以利侧根深扎。出苗不全的地块，可就近移苗补栽。移栽时深开穴，并使移栽苗的子叶节高出地面，然后填细土至下胚轴长度的一半，浇两遍水，水下渗后再填土封穴，一般经 5 天左右即可缓苗，比补种效果好。

■二 控制早期花下针（n 环节）

田间可见花生开花时，将会在 5 ~ 6 天内有果针入土结实，必须适期进行控制。在花生初花期，可用锄口突出呈现半圆形的锄板，退着拉锄，轻削垄旁，锄头紧贴花生苗子叶节处，将垄旁土锄到垄沟内，使花生垄形成"n"状窄埂。

> ➡ 【提示】 实施 M 环节的方法有以下两种。
> ① 平作花生。用带草环的、锄板稍小些的大锄，先打破表土板结层，然后在垄行中间深锄猛拉，带土扶垄，使花生行自然形成既粗且陡、顶宽不少于 20cm 的凹（M）形垄。
> ② 覆膜花生。于下针盛期（北方春花生大体在 7 月中旬），在植株基部、直径约为 20cm 的膜面上，撒一层 1cm 厚的细土，以助针入膜，增加结果数。

■三 适期扶垄促结实（M 环节）

主要是通过扶垄，解除对下针的控制；北方春花生一般在 6 月底或 7 月初（即花生收获前 80 天左右）实施 M 环节。

土壤肥力低的地块，扶垄前可先向 n 状窄埂的植株下面每亩撒施尿素 2.5kg、优质过磷酸钙 10kg，以促进植株的生长发育。另据研究，花生果针入土后，结实层的土壤水分若低于田间最大持水量的 60%，入土果针先端的子房则不能发育成荚果。

> **【提示】**
>
> ① n 环节形成的窄埂，一般高度为 5~6cm，顶宽 6~7cm。
>
> ② 平作花生，实施 n 环节时，可把株行锄成"W"形，使植株位于"W"字形的中峰，行间变成高而窄的土垄。
>
> ③ 覆膜栽培的花生，通过 A 环节的引升作用，子叶节升出膜面后，在膜面温度高、风速较大、大气湿度较低的环境中，早期花针的下扎已经受到控制，故生产上一般不再实施 n 环节。

第六节　花生单粒精播高效栽培技术

花生单粒精播高产的基础是充分发挥单株个体的增产潜力，培育健壮个体是精播高产的关键，其中，种肥是培育壮苗的重要措施之一。

一 土壤与施肥

精播田应选土层深厚，耕作层生物活性强，结实层疏松，中等肥力以上，三年内未种过花生的生茬地。每亩施有机肥 300~400kg，尿素 15~20kg，过磷酸钙 50~60kg，硫酸钾（或氯化钾）20~25kg。全部有机肥及 2/3 化肥结合冬耕或早春耕撒施，剩余 1/3 化肥起垄时包施在垄内。

二 品种选择与种子处理

宜选丰花 1 号、花育 25 号、临花 6 号、鲁花 11 号等品种。选择无风、光照好的天气带壳晒果 2~3 天。晒果能杀死果壳上的病菌，对预防枯萎病有明显的效果，同时促进种子入土后吸水，促进种子萌发，提高出苗整齐度；精选种子，剔除芽米、虫米、坏米及过熟米，选一、二级米做种，确保好种下地；用花生种衣剂进行种子包衣，以防苗期病虫危害，确保一播全苗。

三 精细播种

当 5cm 地温稳定在 15℃ 以上时，便可播种。起垄前，先将地耙平耢细，施肥后再起垄播种。为确保花生苗全苗齐，播种前最好将种子浸种催芽，拣发芽种播种。垄距 85 ~ 90cm，垄面宽 55 ~ 60cm，垄沟宽 30cm，垄高 4 ~ 5cm。要求垄直、面平、土细。播种时先在垄上开两条沟，沟心距垄边 10cm，沟深 3 ~ 4cm。足墒播种，确保种子出苗期和幼苗期对水分的需求。若墒情不足，应先顺沟浇少量水，待水渗下后，随即播种。穴距 10 ~ 11cm。为防地下害虫和苗期蚜虫，可亩施农药 0.5kg 辛拌磷盖种，并在两粒种子间施种肥磷酸二氢钾 5 ~ 10kg 和尿素 3 ~ 5kg。覆土耙平，覆膜。

> **【提示】** 覆膜时，先沿垄两侧均匀喷施乙草胺除草剂（100mL/亩），随即覆膜压土。覆膜后在播种行上方盖 5cm 土堆，以引升花生子叶自动破膜出土。

四 加强管理

（1）**苗期管理**（出苗—始花） 待幼苗两片真叶展现时，及时撤去膜面上的土堆，将子叶节暴露在空气中。对于幼苗已出土，但无望自动破膜的苗株，要及时破膜，释放幼苗。如果发生蚜虫或蓟马危害，应及时防治。4 叶期可喷施 1 次叶肥（如 NKP 植物营养液）。

（2）**中期管理**（始花—结荚末期） 始花后每隔 10 ~ 15 天，叶面喷施多菌灵与代森锰锌混合液 50 ~ 60kg/亩，连续 2 ~ 3 次，以防叶部病害。若发现棉铃虫或地下害虫危害，可及时用有关药剂防治。盛花期前后叶面喷肥 1 次；遇旱及时浇水。当花生株高达到 45cm 左右、且有徒长趋势时，用壮饱安 20 ~ 25g/亩兑水 600kg，或 50% 的矮壮素水剂 1000 ~ 5000 倍液在晴天叶面喷施，避免重喷漏喷，喷后 6h 遇雨需补喷，若生长过旺，可隔 7 天再喷 1 次。

（3）**后期管理**（饱果初期—成熟） 防治网斑病和锈病。喷施富含氮、磷、钾及多微元素的叶面肥 1 ~ 2 次，间隔 7 ~ 10 天喷 1 次，以护根保叶。遇旱及时小水润浇；遇涝及时排水，以防烂果。

五 适时收获

花生单粒覆膜栽培比露地栽培提前成熟，如果不及时收获，会使发芽果、烂果数增加，既降低产量，也影响品质。如荚果籽仁色泽变黄褐（过熟果也叫伏果），含油率、商品率降低，导致丰产不丰收。若收获过早，产量低、品质差。根据品种的特性，在保证不发芽、烂果的前提下，适当推迟收获，使植株营养充分转运到荚果，促进荚果充实饱满，提高产量和品质。

第七节　南方丘陵地区花生栽培技术

一　选地整地

宜选择排水方便、不易受涝、不易干旱、上年没有种过旱作物的沙壤土种植花生。因南方春季雨水多，应提前在春雨到来之前或上年冬季整地，整地前每亩用腐熟牛栏粪5000kg、石灰粉25kg，均匀撒施于土壤表面，然后进行翻耕整地做畦。畦面宽85cm，沟面宽25cm，畦高18cm。整地时注意将田块整平，以方便排水，防止花生栽植期间田间积水。

二　适时播种

品种可选择生育期为120~125天的高产、高抗病花生新品种，如"粤油7号""粤油13号"等。春花生播种期一般在春分前后，即3月18日~3月28日。采取条播或穴播方式，每畦播4行，穴播播种密度要求每平方米达到20穴，每亩13340穴，每穴播3粒种仁，穴播规格为20cm×25cm。条播行距20cm，每平方米播种60粒，粒距7~8cm。播种深度3~5cm。播种时每亩用45%花生专用复合肥40kg作基肥。播种盖土后当天或第二天每亩用10%草甘膦400mL+50%乙草胺140mL，兑清水50kg（4桶）喷洒畦面。

三　苗期管理

出苗后及时进行清棵蹲苗，即花生露出土面后，及时将花生顶部和周围的土块扒开。清棵蹲苗的作用是使花生子叶露出土面，促进第一对分枝的生长发育，这对提高花生产量具有重要作用。齐苗后，进行第一次追肥（断奶肥）和防病，每亩用尿素2.5kg+花生重茬剂4包（0.04kg包装）+磷酸二氢钾0.4kg，兑水300kg，采取穴淋施。播种后1个月，结合防病进行第一次叶面追肥，每亩用花生病绝（甲霜锰锌）可湿性粉剂 4 包（0.04kg 包装）＋磷酸二氢钾 0.2kg＋尿素 0.5kg，兑水 50kg 叶面喷施。

四 花期管理

初花期进行第二次叶面追肥，亩用磷酸二氢钾 200g＋尿素 0.5kg，兑水 50kg 叶面喷施，如果有病虫害则添加防治病虫害的药剂进行喷雾。盛花期进行第三次叶面追肥，亩用撒可富叶面专用肥 4 包（25mL 包装）兑水 50kg 喷施。7 天后，亩用花生五不愁 4 包（40g 包装）兑水 50kg 喷雾进行第一次控苗，防止花生苗徒长。喷施花生五不愁之后，花生叶片增厚、增绿，枝杆增硬，弹性增强，花生苗直立不倒伏。末花期至落针期，亩用多效唑 50g 兑 3 桶水喷雾，进行第二次控苗。

五 结荚期和成熟期管理

结荚期至成熟期主要是田间水分管理。通过前期花生病害的预防工作，到中后期一般发病较少，如发生病虫害，要及时防治。中后期注意清沟排水，因为这个时期正是南方的梅雨季节，雨水较多，防止田间积水是管理重点。

第五章
花生病虫草害防治

第一节　主要病害及其防治

━ 根结线虫病

花生根结线虫病俗称地黄病、矮黄病、小秧病等。国内大部分花生产区均有发生，以山东、河北、辽宁等省发病较重。病害蔓延快，为害重，根治难。病田一般减产 20%～30%，重者达 70%～80%，甚至绝产。

1. 病害症状

植株地上部矮化，茎叶发黄，叶片小，底部叶片叶缘焦枯，叶片早期脱落，开花迟。雨季到来后，病株叶片虽然转绿，但直到收获时仍比健株矮小。在田间呈聚集型分布，病株很少死亡（彩图9）。

线虫主要为害花生地下部。凡是花生能入土的部分，线虫均能为害。受害幼根尖端膨大，形成大小不规则的根结，其上可长出多条不定须根，须根受感染后又形成根结，根结上又长出条条须根。这样经过反复侵染，根系形成乱发状须根团。此外，在根颈、果柄和果壳上也可形成根结（彩图10）。

该病地上部症状与地下害虫为害、缺肥缺水及其他病菌为害所致症状极其相似，区分的主要依据是根结的有无。诊断时要注意根结与根瘤的区别，线虫病根结一般发生在根端，使根端膨大，呈不规则状，表皮粗糙，其上生出许多细小的毛根，剖开虫瘿可见内部有乳白色粒状雌虫；而固氮根瘤则着生在主根和侧根一侧，圆形或椭圆形，表面光滑，不生须根，剖开内部可见肉红色或绿色细菌液。花生根结线虫病症状及病原见图5-1。

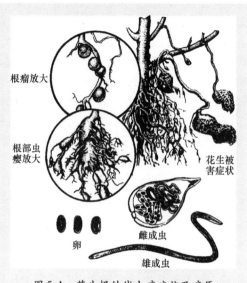

图5-1 花生根结线虫病症状及病原

2. 发生特点

目前国内引起该病的病原线虫主要有两种，即花生根结线虫 [*Meloidogyne arenaria*（Neal）Chitwood］和北方根结线虫（*M. hapla* Chitwood），在山东主要是北方根结线虫，在广东为花生根结线虫，两种均属根结线虫属。线虫主要以卵、幼虫在根结中或遗落在土壤和粪肥内越冬。第二年春季当平均地温为11.3℃时，卵开始发育为1龄幼虫，接着在卵壳内蜕皮变成2龄幼虫在土壤中活动，当平均气温达到12℃以上时，开始侵染花生。幼虫用吻针刺破刚长出的花生幼根细胞，分泌毒液破坏根部表皮细胞，头部插入寄主部伸长区中柱或未形成中柱的分生组织内，虫体大部分仍在皮层内，由于线虫的毒液作用，根组织中形成一些多核和融合的巨型细胞，体积变大而成为虫瘿。雌雄成虫交尾后，雄虫不久死亡，雌虫将卵产于卵囊内。线虫在田间传播途径有 3 种：主要是通过农事操作中带线虫的土壤及遗留田间的病残体随农具、人、畜携带而传播；其次是通过流水将土壤中的线虫及病残体传播扩散；再次是使用带线虫的土杂肥及田间的其他寄主植物。线虫本身有长期耐淹能力，虫瘿被水淹没 135 天仍具侵染力。虫瘿的病根或荚果干燥至含水量 8% ~ 10% 时，线虫即全部死亡。一般寒冷和冰冻对线虫的杀伤力不大。多数线虫分布在 10 ~ 30cm 的土层中，水平活动能力很弱，在沙性土壤中 66 天线虫才移动 60cm。线虫的侵染活动受土壤温度、湿度、土质、耕作、播种期和寄主等影响较大。线虫侵入花生根系所需地温适温为 20 ~ 26℃，高于 26℃ 不利于侵入，高于 34℃ 以上线虫不能侵入。土壤湿度在 20% ~ 90% 之间有利于线虫侵入，最佳持水量在 70% 左右。7 ~ 8 月雨水充足，荚果上的虫瘿较多。通气良好、质地疏松的沙土和沙壤土病害发生重；低洼、返碱、黏重土壤病害发生轻。连作病重，轮作病轻。连作 4 年，发病率可达 80% ~ 90%。其中，春花生比麦茬花生发病重。

3. 防治方法

1）农业防治。

① 轮作换茬。北方花生产区实行花生与禾谷类作物 2 ~ 4 年轮作，如有的重病地轮作 4 年后病指从 53.6% 降为 14.3%，但由于其他杂草及寄主的存在，很难达到根除。

② 清除病残体。收获时拔除病根，就地铺晒。病根、病株、病果壳要集中处理，可作为燃料，但不能用来垫圈和沤肥。

③ 改土增肥。深翻改土，增施有机肥，使花生生长旺盛，增强抗病能力。

2）药剂防治。播种时每亩用 3% 呋喃丹颗粒剂 3.0 ~ 4.0kg，或用 5% 灭线灵颗粒剂每亩 10 ~ 15kg，或 5% 神农丹颗粒剂每亩 0.9 ~ 1.1kg，或 20% 益收宝每亩 1.5kg，每亩施用 40% 甲基异柳磷乳油 0.6 ~ 1.0kg，或 10% 益舒丰颗粒剂 2 ~ 3kg，开沟施入，沟深 12cm 左右。

二 茎腐病

花生茎腐病俗称倒秧病，掐脖瘟等，在全国花生产区均有分布，尤以山东、江苏为害较重。据调查，山东临沂、泰安等重病区，发病面积达 50% 以上，一般地块发病率 10% ~ 20%，严重时可达 60% ~ 70%。病株常常枯死，引起缺苗断垄。该病病菌除为害花生外，还能为害大豆、棉花、甘薯、菜豆、豇豆、扁豆、绿豆、甜瓜、田菁、苕子、马齿苋等 20 多种植物。

1. 病害症状

花生自出苗至收获均可发病，以开花前和结荚后发病最盛。病菌常从子叶或幼根侵入植株，发病子叶呈黑褐色干腐状，病菌沿子叶扩展到根茎，产生黄褐色、水渍状、不规则形病斑，并绕茎基部 1 周，使病部呈黄褐色腐烂，地上部萎蔫枯死（彩图 11）。干燥时，病部呈褐色、干腐状、中空，表面凹陷，病部常密生许多小黑粒体，即分生孢子器。病部皮层易脱落，纤维外露。苗期发病 4 ~ 5 天即死亡，成株期发病多在茎基部第一侧枝处，病枝呈干腐状，病叶焦枯，半月左右全株枯死。

2. 发生特点

茎腐病病菌是半知菌门色二孢属真菌（Diplodia spp.，图 5-2）。病原菌随病残体混入土壤、粪肥中及种子上越冬，并成为第二年初侵染来源。病菌在土中分布深达 30cm，以 0 ~ 15cm 表层土内为多。收获季节多雨时，发霉荚果壳带菌率为 37% 左右，果仁带菌率为

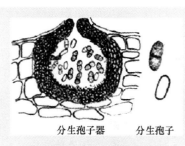

分生孢子器　　分生孢子

图 5-2　花生茎腐病病菌

65% 左右。因此，种子带菌是当地病害蔓延和远距离传播的重要途径。病菌主要从伤口侵入，也可直接侵入。最适侵染期为苗期，其次为结荚期，而花期不易被病菌的侵入。病菌在田间主要借雨水和灌溉水传播，其次是风和人畜及农具在农事活动中传播，进行初次侵染或再侵染。收获前被水淹、储藏期发霉的种子，病情明显重于良种。重茬地发病重，瘠薄地、积水地发病重，早播比晚播发病重。一般花生在苗期雨水多、土壤湿度大病害就比较重；若雨量大，雨

日频繁，气温较低则有利于病害的发生。土壤湿度可影响发病的迟早，5～6月在其发病条件具备的情况下，5cm 地温在 23～25℃，相对湿度为 60%～70%，旬雨量 10～40mm，即可大面积发生。虽未发现免疫品种，但品种之间存在着差异。一般直立型伏花生、油花生易感病，龙生型、蔓生型品种发病轻。

3. 防治方法

在优选良种的基础上，加强农业防治，必要时采取药剂防治。

1）选用优质抗病品种。留种地切勿被水淹，收获荚果应充分晾晒，储藏期间避免霉变，积极选用抗病品种。

2）实行合理轮作。病株率在 15% 以下的地块，隔年轮作，防病效果好。重病地须实行 3 年以上的轮作。另外麦套花生也能减轻病害。

3）深翻改土，加强田间管理。花生收获前，清除病株。收获后，深翻土地，减少田间越冬病菌。生长季节追施草木灰，最好不用混有病菌的土杂肥。

4）药剂防治。可用 50% 多菌灵可湿性粉剂按种子量的 0.3%～0.5% 拌种；也可用该制剂 0.5kg 加水 50～60kg，冷浸种子 100kg，冷浸 24h，期间翻动 2～3 次，防病效果达 90% 以上，同时兼治根腐病等其他病害。病害发生初期，用 70% 甲基托布津可湿性粉剂 800～1000 倍液喷雾，也有较好的防效。

三 青枯病

花生青枯病俗称死苗、发瘟、死棵子、青症等。主要分布于广东、广西、海南、福建、江西、四川、贵州、湖南、湖北、江苏和安徽等地，尤以南方各省、自治区发病严重。随着病区的扩大，山东、辽宁、河北、河南等地也有发生，且部分地区发病逐渐严重。花生感病后常全株死亡，损失严重，一般发病率为 10%～20%，严重的达 50% 以上，甚至绝产失收。此病寄主范围很广，最常见的寄主植物有花生、烟草、番茄、茄子、马铃薯、芝麻、向日葵、田青等，野生寄主有野苋菜、鬼针草等。

1. 病害症状

在花生整个生育期均可发病，一般开花前后开始发病，盛花和落叶期为发病盛期。发病初期通常先在主茎顶梢第二叶表现出失水萎蔫，早晨延迟张开，午后提前闭合，白天呈现萎蔫，夜间尚可恢复，随病情加重不再恢复（彩图12）。一两天后，全株叶片自上而下急剧凋萎，但叶绿素尚未破坏，因而呈青枯状。病株根尖呈湿腐状，根茎内部变为黑褐色。潮湿条件下，用手挤压切口处，常渗出乳白色浑浊黏液。病株上的果柄、荚果也呈黑褐色。病株从发病到死亡，一般 7~20 天。

2. 发生特点

花生青枯病原菌（*Psendomonas solanacearum* Smith.）是细菌假单胞杆菌。青枯病菌的初次侵染来源主要是带菌的土壤、病残体和其他带菌寄主。病菌主要通过流水，其次是人畜、农具及昆虫等媒介传播。病菌由根部伤口和自然孔口侵入后，进入维管束。病株（根、茎）腐烂后，借流水等传播，成为再侵染源，病害迅速蔓延（图 5-3）。花生收获后，病菌随病残体在土壤中或堆肥里越冬。花生种子不带菌。

图 5-3　花生青枯病病株

发病条件主要有以下几种。

1）耕作条件。沙性大、沙粒粗的土壤发病重，壤土地发病轻；地势低、易于积水的地块较排水良好的地块发病重；富含有机质的地块较瘠薄地块发病轻。

2）气候条件。当 5cm 土温稳定在 22℃ 以上，约 10 天即可发病；若温度适宜，又有适量雨水时，发病加快；雨后骤晴，病情加重。

3）生育期。整个生育期均可发病，但以开花至初荚期发病最盛，此期病株约占全部生育期的 70% 以上；结荚后期发病较少。

4）植株伤口。开花期中耕造成的伤口，烈日造成的日灼及根部缺氧所致的烂根，均有利于发病。

5）品种。未发现免疫品种，但品种间抗性有差异。蔓生型品种比直生型抗病，南方品种比北方品种抗病。

3. 防治方法

应采取以合理轮作与选用抗病品种相结合的综合防治措施。

1）选用高产抗病良种。播种前每亩施石灰 35～50kg。发病初期及早拔除病株，统一深埋或烧毁。不要用病残体堆肥。铲除杂草、清除病残体，也有较好的防治效果。

2）合理轮作。病株率达到 10% 以上的地块，就应实行轮作。病株率达 10%～20% 的，实行 2～3 年轮作；病株率达 50% 以上时，实行 5～6 年轮作。一般以花生与禾谷类作物轮作为宜。

3）加强田间管理。深耕土壤，增施有机肥和磷、钾肥，雨后及时排水，防止湿气滞留，使植株生长健壮，增强抵抗病害的能力。在病地不要用大水漫灌，以免病菌大面积传播扩散。

4）药剂防治。必要时用 14% 络氨铜水剂 300 倍液喷淋根部，每株灌兑好的药液 250mL。

四 叶斑病

花生叶斑病包括褐斑病、黑斑病和网斑病。花生褐斑病和黑斑病是常见的叶斑病，花生网斑病是我国花生产区的新病害。花生叶斑病分布于全国各花生产区，但以花生集中产区发病较重。受害叶片的叶绿素被破坏，光合作用下降，造成早期落叶，影响干物质积累和荚果的成熟，一般减产 10%～20%，严重的达 30% 以上。

1. 病害症状

这三种病害多发生在花生生长的中后期，主要为害叶片。先在植株下部老叶上开始发病，逐渐向上蔓延。叶柄、托叶、果针、茎秆等部位均可受害。

1）褐斑病。叶片受害后，初生圆形或近圆形黄褐色小斑点，病斑逐渐扩大，直径为 10～14mm。叶尖、叶缘病斑形状不规则，颜色较黑斑病浅，叶正面病斑为茶褐色或暗褐色，背面呈褐色或黄褐色。初期病斑周围产生明显的黄色晕圈，背面不明显。潮湿时，病斑表面产生灰褐色霉层，即病菌分生孢子梗和分生孢子。病害严重时，在同一叶片上，多个病斑可合并成不规则的大斑，使叶片枯焦脱落，仅留顶端几片新叶，茎秆与叶柄上产生椭圆形褐色病斑，稍凹陷（彩图13）。花生褐斑病病菌分生孢子梗和分生孢子见图5-4。

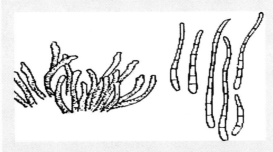

图5-4　花生褐斑病病菌分生孢子梗和分生孢子

2）黑斑病。发病初期症状不易同褐斑病区分，但到后期差异较显著。叶片受害后，初生为褐色针头大小病斑，逐渐扩大为圆形病斑，直径为1～5mm，病斑逐渐由浅褐色变成黑褐色，叶背面与正面病斑的颜色相似（彩图14）。叶片正面病斑周围有不明显的浅黄色晕圈，病斑

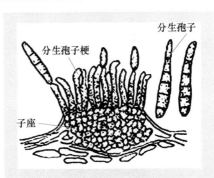

图5-5　花生黑斑病病菌分生孢子

背面有许多黑色小点，排列成同心轮纹状，即病菌分生孢子座（图5-5）。潮湿的情况下，病斑上能产生一层灰褐色霉状物，即病菌分生孢子梗和分生孢子。在一张叶片上有时产生几十个病斑，有时几个病斑相互合成不规则的大型病斑。茎秆与叶柄上的病斑呈椭圆形，黑褐色。发病严重时，叶片大量脱落，茎秆变黑枯死。

3）网斑病。主要发生在花生生长中期，为害叶片。症状类型受气候条件尤其是相对湿度的影响较大，相对湿度低于80%时，病斑为褐色网纹型，发病初期在叶片正面产生星芒状小黑点，后扩大为边缘网状、不规则而模糊的黑褐色病斑（彩图15），直径约2～4mm，病斑不穿透叶片，仅为害上表皮细胞，引起坏死，不损害栅栏

组织；相对湿度超过90%以上时，病斑为污斑型，较大，直径约7~15mm，近圆形，黑褐色，病斑边缘较清晰，穿透叶片，但叶背面病斑较小，坏死部分可形成黑色小点，即分生孢子器（图5-6）。

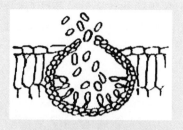

图5-6　花生网斑病病菌
分生孢子器和分生孢子

2. 发生特点

褐斑病是由花生尾孢菌引起的真菌病害，黑斑病是由球座孢菌引起的真菌病害，网斑病是由花生网斑菌引起的真菌病害。

三种病害的侵染循环基本相似，病菌均以分生孢子器、分生孢子座或菌丝团在病残体内越冬，未腐烂病组织内的分生孢子也能越冬，并成为第二年初次侵染的来源。第二年，当外界环境条件适宜时，越冬的分生孢子器、分生孢子座或菌丝团即产生分生孢子，随风雨、昆虫传播到花生上。分生孢子在22~23℃时经过2~4h后即可萌发，产生芽管直接侵入寄主表皮或以气孔侵入。黑斑病菌的菌丝体在寄主细胞间蔓延并产生分枝型吸器侵入其栅栏组织和海绵组织的叶肉细胞内。褐斑病菌和网斑病菌的菌丝体在细胞间或细胞内蔓延，不产生吸器。以后菌丝体又在寄主表皮下产生分生孢子，借风雨、昆虫传播进行再侵染。病菌潜育期长短因温度而异，22~23℃时3~4天出现症状，在低温条件下潜育期要延长到15~30天。在有露水或水膜的情况下，最易产生分生孢子。病菌生长发育温度范围为10~30℃，最适温度为25~28℃，低于10℃或高于37℃则停止生长发育。病原菌对湿度要求较高，80%以上的相对湿度有利于病害的发生。花生生育前期发病轻，后期发病重；幼嫩器官发病轻，老龄器官发病重，三种病害发生高峰均在收获前20~30天。品种抗病性表现为：直立型品种较蔓生型与半蔓型品种抗病，叶型小、叶色深绿的品种较叶型大而浅绿的品种抗病。连作发病重，轮作发病轻，生荒地发病更轻，基肥充足发病轻，瘠薄地或植株生长弱的地块发病重。

3. 防治方法

1）选用抗病品种。一般直立型品种较蔓生型抗病，多粒型的比垄生型的抗病，叶型小、叶色深绿的品种较叶型大而浅绿的品种抗病。山东以"奥油92"为最抗病，中熟品种以"花39"为最抗病。各地应因地制宜地选用抗病品种。

2）轮作换茬。该病菌寄主作物比较单一，只侵染花生。在发病严重的地区，可与其他作物轮作，尤其是与玉米、甘薯等作物轮作，可有效控制此病的发生。

3）加强栽培管理。适时播种，合理密植，施足基肥，特别是施足有机肥，可促进花生健壮生长，提高抗病力。

4）药剂防治。在发病初期病株率为20%时及时喷药防治，可使病害减轻，一般可增产15%～20%。可用1:2:(150～200) 的波尔多液，或70%代森锰锌400倍液，或75%百菌清可湿性粉剂600～800倍液等，一般每隔10～15天喷药1次，连喷2～3次。如果遭遇干旱，病害停止发展，喷药间隔时间可适当延长一些。由于花生叶面光滑，在喷药时，可适当加入黏着剂，防治效果会更好。

五　根腐病

花生根腐病俗称芽涝，在全国花生产区都有发生。该病主要引起烂根死苗，严重的可导致缺苗断垄，成片死亡。

1. 病害症状

花生根腐病在苗期、成株期都可发生。病株较矮小，叶色发黄，叶片自下而上枯萎、脱落。病株下部根系呈"鼠尾状"，无侧根或侧根很少。主根根端呈湿腐状，根皮变褐，与髓部分离，手捏易脱落（彩图16）。土壤水分高时，近地面的根颈部位往往再生不定根，由于根系受害，使地上部生长不良，白天复叶张开度不大，叶柄下垂。在中午强日照下，病株出现暂时萎蔫现象，发病严重者萎蔫后不能再恢复正常，叶柄全部下垂，不久即枯死。发病轻者，傍晚或早晨可恢复正常。在环境条件好的情况下，甚至能恢复生机，一直延续到花生收获，但结果很少。

2. 发生特点

根腐病病原菌是一种名为镰孢菌的真菌。该病原菌主要随田间流水扩散、风雨飞溅或农事操作而传播，随病株残体在土壤中越冬，带菌的荚果、种仁和混有病株残体的土杂肥等，也是病菌越冬场所和初侵来源。病菌接触寄主后，主要从伤口直接侵入，也可从根部表皮侵入。病部产生的分生孢子可以进行再侵染。病害发生与气候条件、种子质量及土壤结构有密切关系。高温多湿或大雨骤晴的天气，病害较重；低温干旱的天气，病害较轻。种子质量好的发病轻，受捂发霉的种子发病重。连作地发病重，轮作地发病轻。土壤结构好、土质肥沃的地块发病轻，沙质薄地或沿海风沙地发病重。

3. 防治方法

1）实行轮作。重病地应实行 3 年轮作，轻病地可实行隔年轮作。

2）精选种子。留种地要及时收获，抓紧晒干，妥善储藏。播种前要翻晒好种子，分级粒选，严格剔除霉变和破伤种子。

3）深耕土壤，改良土壤。对沙质薄地要深翻和增施肥料，培肥地力，以增强植株抗病力。

4）药剂防治。用50%多菌灵可湿性粉剂拌种。

六 白绢病

花生白绢病主要在我国长江流域和南方花生产区发生较多。发病植株全株枯萎死。一般发病率5%左右，严重者达30%以上。

1. 病害症状

白绢病多发生在成株期，侵染植株的主要部位是接近地面的茎基部，也能为害果柄和荚果。受害部位变褐软腐，病部有波纹状病斑绕茎，表面覆盖一层白色绢丝状似的菌丝，直至植株中下部茎秆均被覆盖。当病部养分被消耗后，植株根颈部组织呈纤维状，从土中拔起时易断。土壤潮湿隐蔽时，病株周围地表也布满一层白色菌丝体（彩图17），在菌丝体当中形成大小如油菜籽一样的近圆形的菌核。发病的植株叶片变黄，初期在阳光下闭合，在阴天还可张开，以后随病害扩展而枯萎，最后死亡（彩图18）。

2. 发生特点

白绢病菌属半知门菌类，小核菌属（图5-7）。病菌以菌核和菌丝体在土壤中及病残体上越冬。分布在表土层内的菌核和菌丝萌发的芽管，从花生根颈部的表皮直接侵入，使病部组织腐烂，造成植株枯死。病菌主要借土壤流水、昆虫等传播，种子也能带菌传染。病害的发生与土壤的温湿度有密切关系。7~8月高温多雨时，病害蔓延迅速，病害发生重；地势高燥，土壤质地疏松，排水良好地块发病就轻。反之则重。连作发病重，轮作发病轻。珍珠豆型小花生发病重，大花生发病轻。晚播花生或夏花生发病轻，早播花生重。有机质丰富，落叶多，植株倒伏在地里的发病特别严重。

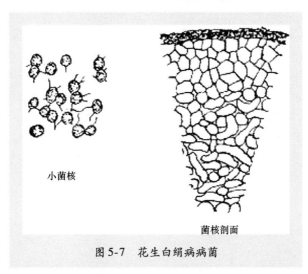

小菌核

菌核剖面

图5-7　花生白绢病病菌

3. 防治方法

在优选良种的基础上，加强农业防治，必要时采取药剂防治。

1）选用优质抗病品种。

2）实行合理轮作。重病地须实行3年以上的轮作。

3）深翻改土，加强田间管理。花生收获前，清除病株。收获后，深翻土地，减少田间越冬病菌，改善土壤通风条件。最好不用未腐熟的有机肥。

4）药剂防治。可用50%多菌灵可湿性粉剂按种子量的0.3%~0.5%拌种；病害发生初期，用70%甲基托布津可湿性粉剂800~1000倍液喷雾，也有较好的防治效果。

七 菌核病

花生菌核病是近年来花生产区上升为害的重要病害，分布较为普遍。

1. 病害症状

可为害叶片、茎杆、根及荚果等，叶片上有褐色近圆形病斑，有轮纹。根茎部受害后呈褐色坏死，潮湿时病部密生灰褐色霉层。后期根茎皮层与木质部间有黑色菌核（彩图19）。

2. 发生特点

花生菌核病是由真菌担子菌亚门落花生核盘菌和宫部核盘菌引起的。花生菌核病病原菌混在土壤中、病残体上、堆肥及种子中越冬。第二年条件适宜时，即萌发产生子囊盘，其上生子囊及子囊孢子，子囊孢子分散传播。低温高湿的情况下发病加重，如果过度密植、地势低洼潮湿、连年种植花生的地块等均可加重发病。

3. 防治方法

1）选用无病种子。种子在播种前过筛，清除混在花生中间的菌核。

2）及时清除田间病株，集中烧毁。发病严重的地块，实行秋季深耕，使遗留在土壤表层的菌核埋入地下而死亡，同时又可使田间病株残体一同被深埋。

3）实行3年以上的轮作。

4）药剂防治。必要时可用50%扑海因可湿性粉剂1000～1500倍液，或50%速克灵可湿性粉剂1500～2000倍液喷雾防治。

八 病毒病

花生病毒病是由多种病毒引起的，主要病毒种类有花生条纹病毒（Peanut stripe virus，PStV）、花生矮化病毒（Peanut stunt virus，PSV）和黄瓜花叶病毒（Cucumber mosaic virus，CMV），其中，花生条纹病毒发病率较高，可占60%以上。花生病毒病发生以后，株高降低15%～35%，结果减少32.1%，减产15%～72%，而且大型果少，中小型果增加，果仁小。近年来，病毒病有日益加重的趋势。

1. 症状与病原

1）花生条纹病毒病。又称为花生轻斑驳病毒病（Peanutmild

mottle virus），属马铃薯 y 病毒组。发病开始，顶端嫩叶上出现褪绿斑，呈斑驳状，以后沿叶脉继续褪绿成条纹状。病植株稍矮化。该病毒为北方主要病毒。

2）花生黄花叶病毒病。病原为黄瓜花叶病毒（CMV），属黄瓜花叶病毒组。病株顶端叶片出现褪绿黄斑，叶片卷曲成典型黄花叶状，上有网状明脉和绿色条纹，植株中度矮化。

3）花生矮化病毒病。病原为花生矮化病毒（PSV），属黄瓜花叶病毒组。病株顶端叶片脉淡并出现褪绿斑，叶片呈浅绿与绿色相间的典型普通花叶症状，病叶沿叶脉出现辐射状绿色小条斑和斑点。叶片变窄，叶缘波状扭曲。病植株中度矮化，大量出现小果荚，减产严重，其危害重于前两者。

这些病毒常复合侵染，在病株上形成兼有多种病毒症状的复合症状。

2. 发生特点

病毒于种子内越冬，带毒种子为初侵染来源。蚜虫可传毒，使病害扩展蔓延。带病毒种子调运是远距离传播的主要途径。

发生程度主要受以下几个因素的影响。

1）种子带毒率。一般当年的病株和种子带毒率为 2%～3%。种子带毒率低，种传率相对也低，中心病株少，发病就轻；反之则重。一般大粒种子带毒率低，小粒种子特别是变色种子带毒率高。

2）气候。对于花叶型病毒病，6～7 月平均气温低于 24℃ 时，有利于此病的发生；高于 30℃，病害则减轻。一般情况下，多雨年份病害轻；干旱年份病害重。

3）蚜虫。蚜虫虫口密度与病害有密切关系。试验表明：防蚜地块发病率降低 40% 以上。

4）播期。正常年份，早播的重于晚播的，春花生重于麦茬花生。

5）土质。土层厚，肥力足，花生生长健壮，发病轻；土壤瘠薄，花生生长衰弱，发病重。

3. 防治方法

根据花生病毒病主要由种子带毒作为初侵染来源，蚜虫为再侵染等发病规律，该病防治应采取以选用抗病品种为前提，繁育无病良种为基础，结合治蚜防病的综合防治措施。

1）建立无病留种地，培育和选育无病种子。通常采用无病地留种、早治蚜虫、清除病株、在远离毒源植物100m以外地块种植等措施，获得无病种子。种子应粒大饱满，色泽正常。另外，加强种子调运管理，防止病害扩展蔓延。

2）选用抗耐病品种。对病毒病抗性较好的品种有杂54、徐州68-4、鲁花9号、花引m-2、m5、266等；伏花生则为高感品种。并在播种时，用辛硫磷等药剂拌种。

3）推广地膜覆盖。地膜覆盖可减轻苗期蚜虫传毒，促进植株健壮生长。试验表明：地膜覆盖防病效果可达62.86%。

4）药剂防治。于6月中下旬蚜虫发生时选用50%抗蚜威可湿性粉剂5g/亩，兑水50～60kg，或40%氧化乐果乳油1000倍液喷雾防治传毒蚜虫。

5）清除花生地内外的杂草和其他植物，以减少初侵染来源及早期蚜虫的发生为害。

九　锈病

花生锈病是世界范围内广泛流行的真菌病害，最初始于南美洲和中美洲局部地区，后蔓延至世界各地。1970年以来，花生锈病在我国的广东、广西、海南、福建、四川、江西、湖南、湖北、江苏、山东、河南、河北、辽宁等省、自治区相继发生，尤以南方各产区发病严重。在广东，春、秋植花生受害均重，福建、江西则以秋花生发病较多，湖北、山东等地的夏花生锈病日渐严重。

花生发生锈病后，植株提早落叶、早熟。发病愈早，损失愈重。发病后，一般减产15%，重病年减产50%左右。该病除对产量影响外，出仁率和出油率也显著下降。花生锈菌除侵染花生外，尚未发现其他寄主。

1. 病害症状

花生锈病在各个生育阶段都可发生，但以结荚期后发病严重（彩图20）。病菌主要侵染花生叶片，也可为害叶柄、托叶、茎秆、果柄和荚果。叶片的背面初生针头大疹状白斑，叶面呈现黄色小点，以后叶背病斑变淡黄色，圆形，随着病斑扩大，病部突起呈黄褐色，表皮破裂，露出铁锈色的粉末，即夏孢子堆和夏孢子，病斑周围有一狭窄的黄晕。夏孢子堆直径 0.3～0.6mm。一般底叶首先发病，然后向顶部叶片扩展；叶片密布夏孢子堆后，很快变黄枯干。病株较矮小，形成发病中心，提早落叶枯死。收获时果柄易断、落果；严重发病田后期，叶、茎杆都会干枯，呈火灼状；托叶上的夏孢子堆稍大，叶柄、茎和果柄上的夏孢子堆椭圆形，长 1～2mm；果壳上的夏孢子堆圆形或不规则形，直径 1～2mm，但夏孢子数量较少（图5-8、图5-9）。

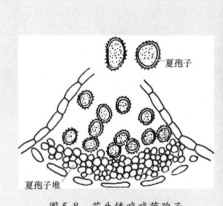

夏孢子

夏孢子堆

图 5-8　花生锈病病菌孢子　　图 5-9　病原夏孢子放大

2. 病原物

花生锈病病原菌 *Puccinia arachidis* Speg. 属担子菌纲柄锈菌科双孢锈菌目。在我国花生病株上只产生夏孢子，至今未见冬孢子。夏孢子呈圆形或椭圆形，大小为（22～27）μm ×（22～34）μm，橙黄色，表面有微刺，孢子的中轴两侧各有一个发芽孔。夏孢子的萌发受温度、湿度、光照、氧离子浓度的影响。夏孢子萌发的温度为11～33℃，最适温度为 25～28℃。夏孢子致死温度湿热为 50℃，10min；但干热 60℃，10min 仍不失去生活力。夏孢子在广东夏季室温条件下，能存活 16～29 天；冬、春季温度较低时，存活长达120～150天；在5℃的条件下，存活约 1 年；在 -24℃低温条件下能存活 3 ~ 6 个月。夏孢子在水滴中才能萌发，在不接触水滴的情况下，即使达到饱和的湿度，也不会发芽。光照对夏孢子发芽有抑制作用。黑暗条件下夏孢子发芽良好，在强烈阳光照射下，即使温度、湿度适宜，也不会萌发。在 pH 为 4 ~ 12 的范围内，夏孢子发芽正常，pH 为 4 以下时，发芽率显著下降，芽管缩短。在嫌氧时，夏孢子发芽受抑制，而缺氧时则不能发芽。

大多数夏孢子萌发只产生 1 个芽管，极少数能产生 2 个芽管。新鲜夏孢子在 22℃ 的水滴中经 1h 开始发芽。在 24.5 ~ 26℃温度条件下，7h 后产生附着胞；在 22℃ 时，15h 后产生侵染丝。

在 25 ~ 28℃ 温度范围内，夏孢子潜育期为 6 天左右；在 20℃ 恒温下，潜育期为 13 天；25℃ 和 30℃ 时为 8 天。

3. 病害循环

1）南方。在广东、海南等南方种植区，病菌的初侵染来源主要有以下几种。①不同播种期的花生，病株上产生的夏孢子辗转传播；②秋花生收获后落在田间的花生粒萌发后，病菌可在自生苗上安全越冬，春花生播种后开始侵染；③室内外储存的病株，经 120 ~ 150 天后，病株上的夏孢子仍有侵染力；④秋花生收获后带病荚果经室内储存至第二年 3 月，夏孢子仍具侵染力。

2）北方。花生锈病初侵染来源尚不清楚。

4. 发生因素

菌源的数量、气候条件是影响病害发生和流行的主要因素。

1）菌源。Speg. 称落花生柄锈菌，属担子菌亚门柄锈菌属。我国广东暂定名为花生夏孢锈菌（*Uredo arachidis* Speg. N.），夏孢子近圆形，大小为（22 ~ 34）μm ×（22 ~ 27）μm，橙黄色，表面具小刺，孢子中轴两侧各有一发芽孔。

2）环境。雨量和雾露是影响流行的主要因素。春、秋植花生，温度基本上在适宜范围内，故影响锈病流行的主导因素是雨水和雾露。雨日多、雾大或露水重，都可引起锈病流行。高温、高湿、温差大利于病害蔓延。

3）栽培。播种期与流行的关系因锈病发病时的温湿度而异，春花生早播病轻，晚播病重；秋花生则早播病重，晚播病轻。施氮过多，密度大，通风透光不良，排水条件差，发病重。

5. 防治方法

1）农业防治。选择抗（耐）病品种，如鲁花 9 号、鲁花 11 号和 8130、粤油 22、粤油 551、汕油 3 号、恩花 1 号、战斗 2 号、中花 17 等。实行 1 ~ 2 年轮作。因地制宜调节播期，合理密植，施足基肥，增施磷钾肥；及时中耕除草；高畦深沟栽培，做好排水沟、降低田间湿度。秋花生收后，清除田间病残体；清除落粒自生苗 1 ~ 2 次。

2）药剂防治。花期发病株率达 15% ~ 30% 或近地面 1 ~ 2 叶有 2 ~ 3 个病斑时，喷 1:2:200 的波尔多液，或 25% 三唑酮 WP3000 倍液，或 50% 三唑酮、硫黄 SC1000 ~ 1500 倍液，或 95% 敌锈钠 WP600 倍液，或 75% 百菌清 WP500 倍液，或 15% 三唑醇 WP1000 倍液，或 50% 克菌丹 WP500 倍液，隔 7 ~ 10 天喷 1 次，连续 3 ~ 4 次。喷药时加入 0.2% 展着剂（如洗衣粉等）有增效作用。

✚ 黄曲霉病

黄曲霉毒素（Aflatoxin）是黄曲霉（*Aspergillus flavus*）和寄生曲霉（*Aspergillus parastitucus*）在生长过程中产生的引起人和动物产生病理变化的有毒的代谢产物。在世界范围内都有发生，我国南方产区的广东、广西、福建较为严重。

1. 病原特征

病原为黄曲霉，属半知菌门真菌。分生孢子球形或近球形，大小 3.5 ~ 5 μm。生长适温 30℃，相对湿度 85%。分生孢子头疏松，呈放射状，分生孢子梗直立粗糙。顶囊为球形至烧瓶状。黄曲霉菌能产生黄曲霉毒素。

目前确定的黄曲霉毒素有 18 种，分为 B 类，G 类和 M 类三类。最常见的有 B_1，B_2，G_1，G_2；B_1 的毒性和致癌性最强。B_1，B_2 在紫外线外呈蓝色荧光；G_1，G_2 在紫外线外呈黄绿色荧光；M_1，M_2（主要存在于牛奶中，由奶牛摄入含黄曲霉毒素的饲料所致）。花生黄曲霉病果见彩图 21。

2. 发病规律

黄曲霉菌广泛存在于许多类型土壤及农作物残体中，黄曲霉菌的感染开始发生在田间，特别是在花生生长后期，如果遭遇干旱的天气，当土壤干旱导致花生荚果含水量降到30%时，代谢活动减弱，很容易受黄曲霉菌的感染。

蟓虫、千足虫、蛴螬、白蚁和线虫侵袭花生荚果并将所携带的黄曲霉菌传染给花生，土壤中的黄曲霉也从虫损部位感染黄曲霉荚果，受地下虫侵袭的花生荚果黄曲霉毒素含量通常很高。

收获前，黄曲霉菌感染源来自土壤，土壤中的黄曲霉菌可以直接侵染花生的荚果。收获后，不及时晾晒，以及储藏不当可以加重黄曲霉菌的感染和毒素污染，引起荚果的霉变，加重黄曲霉毒素的污染。如果荚果破损，黄曲霉菌易从伤口处侵染，在储藏过程中迅速繁殖。如果花生收获过迟，感染黄曲霉病的概率增大。

花生地膜覆盖后，北方产区比以前播种都早10～15天，结果期正好遇黄曲霉菌侵染，收获后不能迅速干燥。

3. 防治方法

1）改善花生地灌溉条件，及时灌溉。特别在花生生育后期，花生荚果发育期间要保障水分的供给，避免收获前干旱所造成的黄曲霉菌感染大量增加。

2）除草不要伤害花生荚果。在花生的盛花期，中耕除草培土时，不要伤及幼小荚果，尽量避免在结荚期和荚果充实期进行中耕除草，以免损伤荚果。

3）防治地下害虫。在种植过程中，适时防治蛴螬和根腐病，把病虫害对荚果的损伤减少到最低程度。

4）适时收获。在花生成熟期，在遇干旱又缺少灌溉的条件下，可以适当提前收获，试验表明，如果在正常成熟期前两周收获，可以大大减少黄曲霉菌的污染。收获后及时晒干荚果，一定要将花生种子的含水量控制在8%以下，这样可以有效地杜绝种子感染环境中的黄曲霉菌。

第二节　主要虫害及其防治

一　蛴螬

蛴螬是鞘翅目金龟甲（Holotrichia spp.）幼虫的总称，别名白土蚕、核桃虫。成虫通称为金龟甲或金龟子。除为害花生外，还为害多种蔬菜。按其食性可分为植食性、粪食性、腐食性3类。其中植食性蛴螬食性广泛，为害多种农作物、经济作物和花卉苗木，喜食刚播种的种子、根、块茎及幼苗，是世界性的地下害虫，危害很大。

1. 外形特征

蛴螬体肥大，体型弯曲呈 C 型，多为白色，少数为黄白色。头部褐色，上颚显著，腹部肿胀（彩图 22）。体壁较柔软多皱，体表疏生细毛。头大而圆，多为黄褐色，生有左右对称的刚毛，刚毛数量的多少常为分种的特征。如华北大黑鳃金龟的幼虫为 3 对，黄褐丽金龟幼虫为 5 对。蛴螬具胸足 3 对，一般后足较长。腹部 10 节，第 10 节称为臀节，臀节上生有刺毛，其数目的多少和排列方式也是分种的重要特征。

2. 生活习性

蛴螬1～2年1代，幼虫和成虫在土中越冬，成虫即金龟子，白天藏在土中，晚上8：00～9：00进行取食等活动。蛴螬有假死和负趋光性，并对未腐熟的粪肥有趋性。成虫交配后 10～15 天产卵，卵产在松软湿润的土壤内，以水浇地最多，每头雌虫可产卵 100 粒左右。幼虫蛴螬始终在地下活动，与土壤温湿度关系密切。当 10cm 土温达 5℃时开始上升土表，13～18℃时活动最盛，23℃以上则往深土中移动，至秋季土温下降到其活动适宜范围时，再移向土壤上层。因此蛴螬对果园苗圃、幼苗及其他作物的为害主要是春秋两季最重。土壤潮湿活动加强，尤其是连续阴雨天气。春、秋季在表土层活动，夏季时多在清晨和夜间到表土层活动。

3. 发生规律

成虫交配后 10～15 天产卵，产在松软湿润的土壤内，以水浇地最多，每头雌虫可产卵 100 粒左右。蛴螬年生代数因种、因地而异。这是一类生活史较长的昆虫，一般 1 年 1 代，或 2～3 年 1 代，长者 5～6 年 1 代。如大黑鳃金龟 2 年 1 代，暗黑鳃金龟、铜绿丽金龟 1 年 1 代，小云斑鳃金龟在青海 4 年 1 代，大栗鳃金龟在四川甘孜地区则需 5～6 年 1 代。蛴螬共 3 龄。1、2 龄期较短，3 龄期最长。

4. 防治办法

1）防治原则。地上、地下的成虫、幼虫综合治，田内田外选择治。

2）防治成虫。

① 人工捕捉。根据成虫出土后交尾取食等习性，于出土高峰期（6 月中旬）晚 8：00 点前在花生田每亩插新砍榆、杨树枝 2~4 把，在晚 8：15~8：30 到所插树枝上用手电筒电照交尾成虫，或用塑料布接收振动树枝落下的成虫。

② 药剂防治。根据金龟甲嗜食榆、杨树的特点，利用氧化乐果、甲拌磷等农药的内吸性，按药与水 1:1 稀释，涂在寄主树干 1.5m 处，预先环刮 15cm 左右一圈老皮（小树可短，大树适当加长），稍见白皮，小树露出绿皮即可，小树 8h 可有杀虫作物。一般五天后，成虫食叶中毒而死，矮树可直接喷药毒杀。

或在金龟甲出土盛期的上午，采集杨、榆树枝绑成捆，下部放入 6.5cm 左右深的 40% 氧化乐果中，傍晚 7：30 前将树枝按每亩 5 枝均匀插在地里，第二天即见效。

③ 利用天敌。利用白僵菌、乳状菌、臀沟土蜂等天敌进行防治。

3）防治幼虫。中到大雨或浇灌前，每亩用 40% 甲基异硫磷或氧化乐果 0.5kg 兑水 45kg 用手动喷雾器，摘掉喷头，将喷雾器杆挨近花生秧苗顶部，边走边压，顺垄快速喷施；或用同样剂量的药剂拌土 25~30kg，也可每亩用 3% 甲基异硫磷颗粒剂 5~6kg，顺花生秧苗顶部撒施。

4）土壤处理。常年发生的地块，在耕地时每亩用 50% 辛硫磷或 40% 甲基异硫磷 0.25~0.30kg 加水 1000 倍或拌细土 25~30kg 制成毒土，也可用 3% 辛硫磷，或呋喃丹颗粒剂 1.5~2.0kg，均匀喷或撒至地面，随即耕翻入土。

用 50% 辛硫磷乳油每亩 0.20~0.25kg，加水 10 倍喷于 25~30kg 细土上拌匀制成毒土，顺垄条施，随即浅锄，或将该毒土撒于种沟或地面，随即耕翻或混入厩肥中施用；用 2% 甲基异柳磷粉每亩 2~3kg 拌细土 25~30kg 制成毒土；用 3% 甲基异柳磷颗粒剂、3% 呋喃丹颗粒剂、5% 辛硫磷颗粒剂或 5% 地亚农颗粒剂，每亩 2.5~3.0kg 处理土壤。

5）种子处理。

① 用 50% 辛硫磷、或 20% 异柳磷药剂与水和种子按 1:30:（400~

500）的比例拌种；用25%辛硫磷胶囊剂或用种子重量2%的35%克百威种衣剂包衣，还可兼治其他地下害虫。

②播种时，每亩用10%辛拌磷0.5kg直接盖种，或3%呋喃丹或5%甲拌磷1.5kg直接盖种。

6）毒饵诱杀。每亩地用辛硫磷胶囊剂0.15~0.20kg拌谷子等饵料5kg，或50%辛硫磷乳油0.05~0.10kg拌饵料3.0~4.0kg，撒于种沟中，亦可收到良好防治效果。

7）农业防治。

①合理施肥。施用腐熟圈肥。用碳酸氢铵和氨水熏杀，碳酸氢铵和氨水要深施。

②合理耕作。秋耕拾虫；麦收后浅耕灭茬；与禾本科轮作。

③合理浇灌。春夏为害盛期，大水漫灌，迫使其下潜或死亡。

④于花生田内零星种植蓖麻，毒杀蛴螬的成虫。

二 金针虫

危害花生的有沟金针虫和细胸金针虫两种。

沟金针虫（*Pleonomus canaliculatus*）属于鞘翅目叩甲科。幼虫别名铁丝虫、姜虫、金齿耙等，成虫则称叩头虫。

细胸金针虫（*Agriotes fuscicollis* Miwa）属于鞘翅目叩甲科。别名细胸叩头虫、细胸叩头甲、土蚰蜒。

1. 形态特征

1）沟金针虫

①成虫：栗褐色（彩图23）。雌成虫体长14~17mm，宽4~5mm，雄成虫体长14~18mm，宽3~5mm。全身密生金黄色细毛；无光泽，前胸背板宽大于长，中央具微细纵沟。头部扁平，头顶呈三角形凹陷，密布刻点。雌成虫触角11节，呈锯齿形，约为前胸长度的2倍；雄成虫触角12节，丝状，长可达鞘翅末端。雌虫前胸较发达，背面呈半球状隆起，后缘角突出外方；鞘翅长约为前胸长度的4倍，后翅退化。雄虫鞘超长约为前胸长度的5倍。足浅褐色，雄虫足较细长。

②卵：近椭圆形，长径0.7mm，短径0.6mm，乳白色。

③幼虫：体长20~30mm，体宽4~5mm（彩图24）。体较宽，

扁平，每节宽大于长，胸腹背面正中具一纵沟。体黄褐色，尾节深褐色，尾端 2 分叉。各叉内侧均有 1 小齿。

④ 蛹：长纺锤形，乳白色。雌蛹长 16 ~ 22mm，宽约 4.5mm；雄蛹长 15 ~ 19mm，宽约 3.5mm。雌蛹触角长及后胸后缘，雄蛹触角长达第八腹节。

2）细胸金针虫。

① 成虫：体长 8 ~ 9mm，宽约 2.5mm（彩图 25、图 5-10）。体细长，暗褐色，略具光泽。触角红褐色，第 2 节球形。前胸背板略呈圆形，长大于宽，后缘角伸向后方。鞘翅长约为胸部的 2 倍，上有 9 条纵列的点刻。足红褐色。

② 卵：乳白色，圆形，直径约 0.5 ~ 1.0mm。

③ 幼虫：老熟幼虫体长约 23mm，宽约 1.3mm，体细长圆筒形，淡黄色有光泽。尾节圆锥形，背面近前缘两侧各有褐色圆斑 1 个，并有 4 条褐色纵纹。

④ 蛹：纺锤形，长 8 ~ 9mm。化蛹初期体乳白色，后变黄色；羽化前复眼黑色，口器淡褐色，翅芽灰黑色。

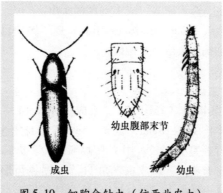

幼虫腹部末节

成虫　　　　幼虫

图 5-10　细胸金针虫（仿西北农大）

2. 发生规律

沟金针虫，3 年完成 1 代；老熟幼虫 8 月下旬至 9 月上旬筑上室化蛹，羽化成虫在土中越冬；2 月上旬始见成虫，3 月中旬为出现盛期，卵产在土中，后孵化出幼虫。细胸金针虫约 3 年完成 1 代；以幼虫越冬，6月中旬陆续羽化为成虫，6月下旬至7月上旬为产卵盛期，秋末幼虫潜土越冬，第二年春开始为害。土壤温、湿度能影响金针虫在土中的垂直移动和为害时期。沟金针虫喜好较高温度，细胸金针虫适宜于较低温度。沟金针虫较耐干燥，土壤适宜湿度为15%～18%。细胸金针虫不耐干燥，要求较高的土壤湿度，土壤湿度以20%～25%较为适宜。金针虫幼虫为害花生种子，造成缺苗断垄。

3. 防治措施

同蛴螬药剂防治。

三 蚜虫

花生蚜虫为苜蓿蚜（Aphiscraccivora Koch），俗称"蜜虫"，也叫"腻虫"，是我国花生产区的一种常发性害虫。

1. 形态特征

有翅胎生蚜成虫体长约 1.5～1.8mm，黑绿色，有光泽。触角6节，黄白色，第三节较长，上有感觉圈约4～7个。翅痣、翅脉皆橙黄色。各足褪节、胫节、跗节均为暗黑色，其余部分黄白色。腹部各节背面均有硬化的暗褐色横纹，腹管黑色，圆筒状，端部稍细，具覆瓦状花纹。尾片黑色，上翘，两侧各有3根刚毛。若虫体小，黄褐色，体被薄蜡粉，腹管、尾片均黑色。无翅胎生蚜成虫体长约1.8～2.0mm，黑色或紫黑色，有光泽，体被蜡粉。触角6节，第1至第2节、第5节末端及第6节黑色，其余部分黄白色。腹部体节分界不明显，背面有一块大型灰色骨化斑。若虫体小，灰紫色或黑褐色。卵长椭圆形，初产为淡黄色，后变草绿色，最后呈黑色（彩图26、彩图27）。

2. 生活习性

花生蚜虫1年发生20～30代。主要以无翅胎生雌蚜和若蚜在背风向阳的山坡沟边、路旁的荠菜等十字花科和地丁等豆科杂草或冬豌豆上越冬，有少量以卵越冬。第二年3月上中旬在越冬寄主上繁殖，4月中下旬平均地温回升到14℃时，产生大量有翅蚜，先后向荠菜或刺槐、紫穗槐和国槐的嫩梢及春豌豆等寄主植物上迁飞，形成第一次迁飞高峰。5月中下旬花生出土后，田间的荠菜等寄主植物陆续老熟枯萎，又产生大量有翅蚜，向花生田迁飞，形成第二次迁

第五章 花生病虫草害防治

飞高峰，因此造成6月上旬始花的花生田蚜虫点片为害。进入6月中旬，由于气温升高及天气干燥，有利蚜虫繁殖，再次产生大量有翅蚜在花生田内外蔓延，形成第三次迁飞高峰。这时正是花生开花期，如果条件适宜（干旱、少雨、高温），蚜虫则繁殖很快，一般4~7天就能完成1代，田间虫口密度剧增。这是蚜虫对花生猖獗为害的时期，也是花生病毒病发生的高峰期。7~8月，雨季来临，湿度大，天敌多，蚜虫密度锐减，加之天气炎热，部分蚜虫向阴凉的场所转移。9~10月气温降低，花生收获后，有翅蚜又从花生落粒自生苗和菜豆上移向荠菜、地丁等寄主为害和越冬。

3. 为害情况

早播春花生顶土尚未出苗时，蚜虫就能钻入幼嫩枝芽上为害。出苗后，多在顶端幼嫩心叶背面吸食汁液。始花后，蚜虫多聚集在花萼管和果针上为害，使花生植株矮小，叶片卷缩，影响开花下针和正常结实。严重时，蚜虫排出大量蜜汁，引起真菌寄生，使茎叶变黑，能致全株枯死。一般减产20%~30%，严重的50%~60%，甚至绝产。蚜虫是花生病毒病的重要传播媒介，除自身为害外，往往带来暴发性的病毒病害。

4. 防治方法

1）施用内吸杀虫剂。结合花生开穴播种，在覆土前向种子上撒施辛拌磷0.5kg。花生种子吸收了这些内吸杀虫剂，出苗后蚜虫迁飞为害时，即可致死。药剂的持效期达60多天，还可以兼治蛴螬、金针虫、蓟马等其他害虫。

2）始花前喷施药液。未施盖种农药的花生幼苗，要喷施杀虫药液每亩30~40L。常用农药为50%的辛硫磷1500~2000倍液；喷药时喷头朝上，喷叶子的背面，并注意喷匀。

3）开花下针期农药熏蒸。花生进入开花下针期，发现蚜虫为害时，每亩用80%敌敌畏0.075~0.10kg，加细土25kg或麦糠7.5kg，加水2.5L拌均匀，顺花生垄沟撒施，在高温条件下，敌敌畏挥发熏蒸花生棵，杀死蚜虫，防效可达90%以上。

四 棉铃虫

棉铃虫（*Helicoverpa armigera* Hubner）属于鳞翅目夜蛾科。异

名：*Heliothis armigera* Hubner，别名：棉铃实夜蛾（彩图 28、彩图 29）。

1. 形态特征

① 成虫：灰褐色中型蛾，体长 15 ~ 20mm，翅展 31 ~ 40mm，复眼球形，绿色（近缘种烟青虫复眼黑色）。雌蛾赤褐色至灰褐色，雄蛾青灰色，棉铃虫的前后翅，可作为夜蛾科成虫的模式，其前翅外横线外有深灰色宽带，带上有 7 个小白点，肾纹，环纹暗褐色。后翅灰白，沿外缘有黑褐色宽带，宽带中央有 2 个相连的白斑。后翅前缘有 1 个月牙形褐色斑。

② 卵：半球形，高 0.52mm，宽 0.46mm，顶部微隆起；表面布满纵横纹，纵纹从顶部看有 12 条，中部 2 纵纹之间夹有 1 ~ 2 条短纹且多具 2 ~ 3 叉，所以从中部看有 26 ~ 29 条纵纹。

③ 幼虫：共有 6 龄，有时 5 龄，老熟 6 龄虫长约 40 ~ 50mm，头黄褐色有不明显的斑纹，幼虫体色多变，分 4 个类型：①体色淡红，背线、亚背线褐色，气门线白色，毛突黑色。②体色黄白，背线、亚背线淡绿，气门线白色，毛突与体色相同。③体色淡绿，背线、亚背线不明显，气门线白色，毛突与体色相同。④体色深绿，背线、亚背线不太明显，气门线淡黄色。气门上方有一褐色纵带，是由尖锐微刺排列而成。幼虫腹部第 1、2、5 节各有 2 个毛突特别明显。

④ 蛹：长 17 ~ 20mm，纺锤形，赤褐至黑褐色，腹末有一对臀刺，刺的基部分开。气门较大，围孔片呈筒状突起较高，腹部第 5 ~ 7 节的点刻半圆形，较粗而稀（烟青虫气孔小，刺的基部合拢，围孔片不高，第 5 ~ 7 节的点刻细密，有半圆，也有圆形的）。入土 5 ~ 15cm 化蛹，外被土茧。

2. 生活习性

华北花生区年生 4 代，长江流域 5 ~ 6 代，华南 6 ~ 7 代。山东、河南等地第一代发生在 5 月中旬至 6 月上旬，主要为害小麦、豌豆、番茄；第二代发生在 6 月中旬至 7 月上旬，主要为害春花生，是主要为害代。

3. 发病规律

幼龄期的棉铃虫主要在早晨和傍晚钻食花生心叶和花蕾，影响花生发棵增叶和开花结实，老龄期棉铃虫在白天和夜间均大量啃食叶片和花朵，影响花生光合效能和干物质积累，造成花生严重减产。

4. 防治方法

1）农业防治。深耕冬灌，减少虫源，消灭越冬蛹。诱杀成虫。取60cm 左右长的杨树枝，每 7~8 枝捆成 1 把于黄昏时每公顷均匀插 150 把。清晨捉虫，集中杀死，5~6 天更换 1 次，也可用黑光灯诱杀。

2）药剂防治。百穴花生卵、虫 30 粒（头）以上时，应进行防治，当 30% 卵变为米黄色，部分卵出现紫光圈，个别已孵化时，为防治适期，应及时用药。可用含孢子量每克 100 亿以上 Bt 制剂稀释500~800 倍液喷雾；1.8% 阿维菌素乳油 2000~3000 倍液喷雾；10% 吡虫啉可湿性粉剂 4000 倍喷雾；70% 硫丹乳油 1000~1500 倍液喷雾；50% 辛硫磷乳油 1000~1500 倍液喷雾。

3）生物防治。在棉铃虫产卵初盛期，释放赤眼蜂 2~3 次，每次 1.5 万只，有条件时，还可向初龄幼虫棉铃虫喷链孢霉菌或棉铃虫核形多角体病毒等生物杀虫剂。在成虫发生盛期用杨树枝把诱集成虫。

五 小菜蛾

小菜蛾（*Plutella xylostella* L.）属于鳞翅目菜蛾科。英文名为Diamondback moth；别名小青虫、两头尖。

1. 形态特征

成虫体长 6~7mm，翅展 12~16mm，前后翅细长，缘毛很长，前后翅缘呈黄白色三度曲折的波浪纹，两翅合拢时呈 3 个接连的菱形斑，前翅缘毛长并翘起如鸡尾，触角丝状，褐色有白纹，静止时向前伸。雌虫较雄虫肥大，腹部末端圆筒状，雄虫腹末圆锥形，抱握器微张开。卵椭圆形，稍扁平，长约 0.5mm，宽约 0.3mm，初产时淡黄色，有光泽，卵壳表面光滑。初孵幼虫深褐色，后变为绿色。末龄幼虫体长 10~12mm，纺锤形，体节明显。

腹部第 4~5 节膨大，雄虫可见 1 对睾丸。体上生稀疏长而黑的刚毛。头部黄褐色，前胸背板上有淡褐色无毛的小点组成两个 "U"字形纹。臀足向后伸超过腹部末端，腹足趾钩单序缺环。幼虫较活泼，触之，则激烈扭动并后退。蛹长 5~8mm，黄绿至灰褐色，外被丝茧，极薄如网，两端通透（彩图30、彩图31）。

2. 生活习性

全国各地普遍发生，1年生4～19代不等。在北方发生4～5代，长江流域9～14代，华南17代，台湾18～19代。在北方以蛹在残株落叶、杂草丛中越冬；在南方终年可见各虫态，无越冬现象。全年内为害盛期因地区不同而不同，东北、华北地区以5～6月和8～9月为害严重，且春季重于秋季。在新疆则7～8月为害最重。在南方以3～6月和8～11月是发生盛期，而且秋季重于春季。成虫昼伏夜出，白昼多隐藏在植株丛内，日落后开始活动。有趋光性，19～23时是扑灯的高峰期。成虫羽化后很快即能交配，交配的雌蛾当晚即产卵。雌虫寿命较长，产卵历期也长，尤其越冬代成虫产卵期可长于下一代幼虫期。因此，世代重叠严重。每头雌虫平均产卵200余粒，多的可达约600粒。卵散产，偶尔3～5粒在一起。幼虫性活泼，受惊扰时可扭曲身体后退；或吐丝下垂，待惊动后再爬上叶上。小菜蛾发育最适温度为20～30℃。此虫喜干旱条件，潮湿多雨对其发育不利。此外若十字花科蔬菜栽培面积大、连续种植，或管理粗放都有利于此虫发生。在适宜条件下，卵期3～11天，幼虫期12～27天，蛹期8～14天。

3. 发生规律

幼虫、蛹、成虫各种虫态均可越冬、越夏、无滞育现象。全年发生为害明确呈两次高峰，第一次在5月中旬至6月下旬；第二次在8月下旬至10月下旬（正值十字花科蔬菜大面积栽培季节）。一般年份秋害重于春害。小菜蛾的发育适温为20～30℃，在两个盛发期内完成1代约20天。

4. 防治措施

1）农业防治。合理布局，尽量避免大范围内十字花科蔬菜周年连作，以免虫源周而复始，对苗田加强管理，及时防治。收获后，要及时处理残株败叶可消灭大量虫源。

2）物理防治。小菜蛾有趋光性，在虫发生期，可放置黑光灯诱杀小菜蛾，以减少虫源。

3）生物防治。采用细菌杀虫剂，如Bt乳剂600倍液可使小菜蛾幼虫感病致死。

4）药剂防治。灭幼脲700倍液、25%快杀灵2000倍液，24%万灵1000倍液（该药注意不要过量，以免产生药害，同时不要使用含有辛硫磷、敌敌畏成分的农药，以免"烧叶"）、5%卡死克2000倍液进行防治，或用福将（10.5%的甲维氟铃脲）1000～1500倍液喷雾。注意交替使用或混合配用，以减缓抗药性的产生。

六 花蓟马

花蓟马（*Frankliniella intonsa* Trybom）属缨翅目蓟马总科，别名台湾蓟马。成虫、若虫多群集于花内取食为害，花器、花瓣受害后成白化，经日晒后变为黑褐色，危害严重的花朵萎蔫。叶受害后呈现银白色条斑，严重的枯焦萎缩。目前，花蓟马已成为华南地区主要害虫之一。

1. 形态特征

成虫体长1.4mm。褐色；头、胸部稍浅，前腿节端部和胫节浅褐色。触角第1～2和第6～8节褐色，3～5节黄色，但第5节端半部褐色。前翅微黄色。腹部1～7背板前缘线暗褐色。头背复眼后有横纹。单眼间鬃较长，位于后单眼前方。触角8节，较粗；第3～4节具叉状感觉锥。前胸前缘鬃4对，亚中对和前角鬃长；后缘鬃5对，后角外鬃较长。前翅前缘鬃27根，前脉鬃均匀排列，21根；后脉鬃18根。腹部第1背板布满横纹，第2～8背板仅两侧有横线纹。第5～8背板两侧具微弯梳；第8背板后缘梳完整，梳毛稀疏而小。雄虫较雌虫小，黄色。腹板3～7节有近似哑铃形的腺域。卵肾形，长0.2mm，宽0.1mm。孵化前显现出两个红色眼点。2龄若虫体长约1mm，基色黄；复眼红；触角7节，第3～4节最长，第3节有覆瓦状环纹，第4节有环状排列的微鬃；胸、腹部背面体鬃尖端微圆钝；第9腹节后缘有一圈清楚的微齿（彩图32）。

2. 发生规律

在南方各城市1年发生11～14代，在华北、西北地区年发生6～8代。在20℃恒温条件下完成1代需20～25天。以成虫在枯枝落叶层、土壤表皮层中越冬。第二年4月中、下旬出现第一代。10月下旬、11月上旬进入越冬代。10月中旬成虫数量明显减少。该蓟马世代重叠严重。成虫寿命春季为35天左右，夏季为20~28天，秋季为40~73天。雄成虫寿命较雌成虫短。雌雄比为1:(0.3~0.5)。成虫羽化后2~3天开始交配产卵，全天均进行。卵单产于花组织表皮下，每雌虫可产卵77~248粒，产卵历期长达20~50天。每年6~7月、8~9月下旬是该蓟马的危害高峰期。

3. 防治措施

1）农业防治。清除田间杂草，加强水肥管理，使植株生长旺盛，可减轻危害。勤浇水可消灭地下的蓟马若虫和蛹，勤除草也可减轻危害。

2）物理防治。蓟马对蓝色、黄色、粉色等多种颜色有趋性，可设计黏虫板进行诱杀。

3）生物防治。蓟马的捕食性天敌主要有捕食螨类、捕食性蝽类，寄生性天敌有寄生蜂。其中捕食螨类中的胡瓜钝绥螨对蓟马有明显的控制作用。在田间应注意对天敌的保护。

4）药剂防治。农药的选择应坚持以生物农药和低毒高效的安全农药为主。防治花生蓟马的药剂有阿维菌素、吡虫啉、啶虫脒、烯啶虫胺等，用药量要根据各地抗药性情况灵活掌握。在蓟马爆发高峰期，必须每隔3~4天喷1次药，连续喷2~3次，避免同一种药剂连续使用，要用不同类型的药剂进行轮换。

第三节　主要杂草及其防治

花生田杂草种类繁多，数量巨大，发生普遍，与花生争光、争肥、争水，致使花生严重减产。据山东省花生研究所调查结果，花生田每平方米有杂草5株，可使花生减产13.89%，有杂草10株可使花生减产34.16%，有杂草20株可使花生减产48.31%。

一　花生田主要杂草

据调查，我国花生田杂草约60多种，分属约24科。其中发生量较大、为害较重的主要杂草有马唐、狗尾巴草、稗子、牛筋草、狗牙根、画眉草、白茅、龙爪茅、虎尾草、青葙、反枝苋、凹头苋、灰绿藜、马齿苋、蒺藜、苍耳、刺儿菜、香附、碎米莎草、龙葵、问荆和苘麻等。

(1) 马唐（*Digitaria sanguinalis* L. Scop.） 属禾本科一年生草本植物。别名署草、叉子草、线草。秆直立或下部倾斜，膝曲上升，高 10 ~ 80cm，直径 2 ~ 3mm，无毛或节生柔毛。花果期 6 ~ 9 月。种子边成熟边脱落，靠风力、水流和人畜、农机具携带传播。种子生命力强，被牲畜整粒吞食后排出体外或埋入土中，均能保持发芽力，一生均可为害花生（彩图 33）。

(2) 牛筋草（*Eleusine indica* L. Gaertn.） 属禾本科蟋蟀草属。别名蟋蟀草、蹲倒驴，茎秆丛生，斜升或倡卧，有的近直立，株高 15 ~ 90cm。叶片条形；叶鞘扁，鞘口具毛，叶舌短。根系发达，耐旱，繁殖量大，适生于向阳、湿润环境，与花生争夺养分。靠种子繁殖。5 ~ 8 月屡见幼苗，开花结果期 6 ~ 10 月，一生均可为害花生（图 5-11）。

(3) 藜（*Chenopodium album*）为藜科藜属的植物，一年生早春杂草。别名灰菜、灰灰菜。株高 30 ~ 150cm，适应性强，抗寒，耐

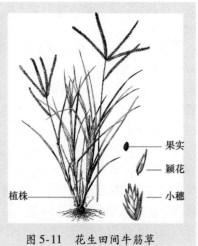

图 5-11 花生田间牛筋草

果实
颖花
小穗
植株

旱，喜光喜肥，在适宜条件下能长成多枝的大株丛，在不良条件下株小，但也能开花结实。种子在土中发芽深度为 2 ~ 4cm，深层不得发芽的种子，能保持发芽力 10 年以上（图 5-12）。

二 花生田杂草的种类与发生特点

1. 花生田杂草的种类与发生情况

黄淮海花生区，包括山东、河南、皖北、苏北、河北、陕西，是我国最主要的花生产区。据在山东烟台、德州地区调查，草害面积达 94%，中等以上为害面积为 80%；主要杂草有牛筋草、绿苋、马唐、马齿苋、刺儿菜、铁苋、香附、金狗尾等。

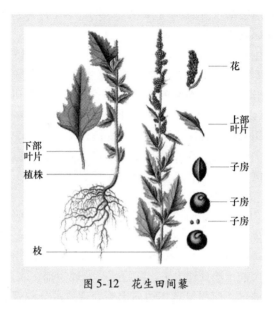

图 5-12　花生田间藜

　　广东花生田的杂草主要有马唐、牛筋草、狗尾巴草、白茅、马齿苋、野苋菜、稗子、异型莎草等多种类型。根据有关方面调查，春植花生田的杂草有 2 个出草高峰期：第一个出草高峰期在花生播种后 10 ~ 15 天，出草量约占全田杂草发生量的 50% 以上；第二个出草高峰期在播种后 35 ~ 50 天，占出草量的 30% 左右。夏播花生田的马唐、狗尾巴草等杂草的出草盛期在播种后 5 ~ 25 天，出草量占总量的 70% 以上。

　　2. 花生田杂草的发生规律

　　花生田杂草有一年生杂草、二年生杂草和多年生杂草 3 种类型。分布普遍而为害严重的是一年生杂草，主要有马唐、牛筋草、狗尾巴草、旱稗、铁苋菜、苋菜、马齿苋、藜、碎米莎草和异型莎草，它们占花生田杂草的 89.4%；5 ~ 7 月开始萌发出土，其间出土的杂草占花生全生育期杂草发生量的 5.8% ~ 14.7%，7 月上旬杂草发生量达到高峰，占杂草发生量的 79.5%，其中单子叶杂草占 86.7% ~ 87.9%，阔叶杂草占 12.1% ~ 13.3%。两年生杂草主要有荠菜、附地菜及多年生杂草刺儿菜、白茅、问荆，它们占花生田杂草的

19.6%，其他杂草约占1%，这些杂草多于3～4月开始发芽，6～8月开花结实，是花生苗期的主要杂草。

春播花生有两个出草高峰，第一高峰在播后10～15天，出草量占总草量的50%以上，是出草的主高峰；第二个高峰较小，在播后35～50天，出草量占总草量的30%左右；春花生出草历期较长，一般可达45天以上。春花生一般天气干旱，杂草发生不整齐。

夏花生田马唐、狗尾巴草的出草盛期在播后5～25天，出草量占总草量的70%以上；杂草的出土萌发可延续到花生封行。夏花生苗期多为高湿多雨气候，杂草集中在6月下旬至7月上旬，发生相对集中。

花生田杂草的化学防治，经常采用播前、播后苗前土壤处理和苗后茎叶处理几种方式。根据田间杂草种群的发生情况，因地制宜，有针对地选择适当的除草剂单用、混用或分期配合施用花生田化学除草，应以苗前土壤处理为主，苗后茎叶处理为辅；北方早春多风、干旱少雨的地区，应尽量选用播前土壤处理；水分较好的地区，可多选用播后苗前土壤处理。

三 花生田主要除草剂性能比较

花生田主要除草剂的除草谱和除草效果比较见表5-1。

四 杂草防治技术

1. 农业措施

1）采用春花生与小麦、玉米两年三作种植方式。

2）增施腐熟有机肥料，并适当深耕30～50cm。

3）采用精选种子；以人工或利用农机具直接清除杂草。

4）采用覆盖法，即利用粉碎的小麦秸秆、碎草、树叶等覆盖，有效控制杂草的萌发和生长。一般每亩可覆盖粉碎的小麦秸秆等150～200kg。

2. 化学措施

根据田间优势杂草种类，选用已登记使用的除草剂品种。按说明书中规定的剂量、施药时期等使用。沙质土壤禁止使用扑草净。不同年份，除草剂应轮换使用。

表 5-1 花生田主要除草剂的除草谱和除苗效果比较

药剂	马唐	狗尾巴草	牛筋草	旱稗	反枝苋	小藜	铁苋	马齿苋	苘麻	香附
乙草胺 (75g/亩)	优	优	优	优	良	良	差	差	中	无
异丙甲草胺 (100g/亩)	优	优	优	优	良	良	差	差	中	无
异丙草胺 (100g/亩)	优	优	优	优	良	良	差	差	中	无
甲草胺 (100g/亩)	优	优	优	优	良	良	差	差	中	无
扑草净 (50g/亩)	优	优	良	良	优	优	优	优	优	无
嗪磺隆 (1g/亩)	无	无	无	无	优	优	优	良	优	无
二甲戊灵 (60g/亩)	优	优	优	优	良	良	差	中	良	无
氟乐灵 (80g/亩)	优	优	优	优	良	良	差	中	良	无
地乐胺 (80g/亩)	优	优	优	优	良	良	差	中	良	无
乙氧氟草醚 (6g/亩)	优	优	优	优	优	优	优	优	优	差
三氟羧草醚 (15g/亩)	差	差	差	差	良	良	优	优	优	良
乳氟禾草灵 (5g/亩)	无	无	无	无	良	良	优	优	优	良

药剂	马唐	狗尾巴草	牛筋草	旱稗	反枝苋	小藜	铁苋	马齿苋	苘麻	香附
乙羧氟草醚（2g/亩）	无	无	无	无	良	良	优	优	优	良
精喹禾灵（5g/亩）	优	优	优	优	无	无	无	无	无	无
高效吡氟氯禾灵（3g/亩）	优	优	优	优	无	无	无	无	无	无
精恶唑禾草灵（5g/亩）	优	优	优	优	无	无	无	无	无	无
喔草酯（5g/亩）	优	优	优	优	无	无	无	无	无	无
糖草酯（5g/亩）	优	优	优	优	无	无	无	无	无	无
稀禾定（5g/亩）	优	优	优	优	无	无	无	无	无	无
烯草酮（5g/亩）	优	优	优	优	优	优	无	无	无	无
甲基咪草烟（8g/亩）	优	优	优	优	优	优	优	优	优	良
恶草酮（40g/亩）	优	优	优	无	优	优	优	优	优	中
苯达松（48g/亩）	无	无	无	无	优	优	优	优	优	良

车载喷雾机械喷施除草剂兑水量一般为每亩15～30kg，人工背负式喷雾器喷施除草剂兑水量一般为每亩30～50kg。

五 不同时期的化学除草技术

1. 播后苗前土壤处理

将除草剂喷施土壤表面形成药层，待杂草萌发接触药层后杀死杂草，即称为土壤处理。选择土壤处理的除草剂，既要考虑花生的安全性，又要考虑持效期长短，对后茬作物是否有影响等，可以选用金都尔、都尔（异丙甲草胺）、拉索等。覆膜栽培的花生田全是采用土壤处理剂，当花生播后，接着喷除草剂，然后立即覆膜。没有覆膜栽培的花生田，花生播种后，花生尚未出土，杂草萌动前处理即可。盐碱地、风沙干旱地、有机质含量低于2%的沙壤土、土壤特别干旱或水涝地最好不使用土壤处理，应采取苗后茎叶处理；要慎用咪草烟、氯嘧磺隆等长残效除草剂，后茬不能种植敏感作物。

花生播种后出苗前是使用化学除草剂的良好时机。金都尔是土壤封闭型除草剂，也是世界上使用量最大的除草剂。在花生播后出苗前每亩用金都尔50～60mL兑水30～40kg均匀喷雾，可防除花生、芝麻、棉花、大豆等作物的多种一年生杂草，如狗尾巴草、马唐、稗子、牛筋草等。金都尔对花生安全，不影响花生发育。5%高效盖草灵（吡氟乙草灵）乳油对狗尾巴草、牛筋草、马唐等杂草有较好的防除效果，对大田以每亩施用50～60mL为宜，不会产生药害，安全性好。杂草3～5叶期，兑水50kg喷雾。

2. 苗后茎叶处理

将除草剂用水稀释后，直接喷施到杂草的茎叶上，通过茎叶吸收传导消灭杂草。在花生出苗后，用药剂处理正在生长的杂草。此时，药剂不仅接触杂草，也接触花生苗，因此，使用除草剂时应具有选择性。以禾本科杂草为主的花生田，可以选用盖草能、高效盖草能（吡氟氯禾灵）、威霸（精噁唑禾草灵）等；以阔叶杂草为主的花生田，可以选用虎威（氟磺胺草醚）、三氟羧草醚、苯达松等；禾本科杂草与阔叶杂草混发的花生田，可以选择上述两类除草剂混用。茎叶处理主要采取喷雾法，施药时期应控制在对花生安全而对杂草敏感的时期，施药时期应掌握在杂草基本出齐，禾本科杂草在

2 ~ 4 叶期，阔叶杂草在株高 5 ~ 10cm 进行。

5% 精喹禾灵在禾本科杂草 3 ~ 4 叶期施用，防除禾本科杂草效果较好，防效均达 90% 以上。精喹禾灵防除花生田杂草的两年两地药效试验结果表明：每亩施用精喹禾灵 25 ~ 35mL 防除花生地禾本科杂草，药后 10 天，防效为 89.3% ~ 92.7%；药后 20 天，防效为 89.1% ~ 95.4%；药后 40 天，株防效为 90.6% ~ 97.4%，鲜重防效为 91.6% ~ 97.9%；与每亩施用高效吡氟氯禾灵 25mL 防效相当，对花生安全，具有高效、安全、成本低等特点。

对阔叶杂草类也有一定抑制作用。药后 65h，不管是用精喹禾灵还是吡氟氯禾灵防治后的花生田均无禾本科杂草"马唐"，可见只喷 1 次药就能控制花生整个生育期的禾本科杂草的生长，而且均对花生无任何药害。但使用 5% 精喹禾灵必须按照说明书所规定的使用范围进行施用，以免对后茬作物产生不良影响。

六 不同栽培方式的化学除草技术

1. 麦后花生田杂草防治技术

河南中南部地区，习惯于麦收后整地播种花生，花生播后芽前进行杂草防治效果较好。常见杂草有马唐、狗尾巴草、牛筋草、稗子、藜、苋，可选用 50% 乙草胺乳油 150 ~ 200mL/亩；33% 二甲戊灵乳油 200 ~ 250mL/亩；48% 氟乐灵乳油 200 ~ 250mL/亩（混土）；72% 异丙草胺乳油 200 ~ 250mL/亩。于花生播后、覆膜前（花生芽前）进行防除。

禾本科杂草和阔叶杂草发生量较多的田块，可选用 50% 乙草胺乳油 100 ~ 200mL/亩；33% 二甲戊灵乳油 150 ~ 250mL/亩或 72% 异丙草胺乳油 150 ~ 250mL/亩 +20% 噁草酮乳油 100mL/亩或 50% 扑草净可湿性粉剂 50g/亩。

禾本科杂草、阔叶杂草和香附发生量较多的田块，可选用 50% 乙草胺乳油 100 ~ 200mL/亩；33% 二甲戊灵乳油 150 ~ 200mL/亩或 72% 异丙草胺乳油 150 ~ 200mL/亩 +24% 甲咪唑烟酸水剂 20mL/亩。

2. 地膜覆盖田杂草防治

黄淮海花生区土壤多为沙质土，墒情差，晚上和阴天温度极低、白天温度极高，为保证除草剂的药效和安全增加了难度。生产上进行除草剂品种选择时，应尽量选择受墒情和温度影响较小的品种；药量选择时，应尽量降低影响较小的品种；药量选择时，应尽量降低用量，考虑药效和安全两方面的需要。

常用除草剂：33%二甲戊灵乳油100~150mL/亩；33%氟乐灵乳油100~150mL/亩（混土）；50%乙草胺乳油75~120mL/亩；72%异丙甲草胺乳油100~150mL/亩。花生播种后、覆膜前（花生芽前），兑水45kg均匀喷施。

禾本科杂草和阔叶杂草发生量较多的地块，在花生播后芽前，可选50%乙草胺乳油75~100mL/亩；33%二甲戊灵乳油75~100mL/亩或72%异丙草胺乳油75~100mL/亩+50%扑草净可湿性粉剂50g/亩，兑水45kg/亩，均匀喷施。

禾本科杂草、阔叶杂草和香附发生量较多的地块，可选用33%二甲戊灵乳油75~100mL/亩或72%异丙草胺乳油75~100mL/亩+24%甲咪唑烟酸水剂20mL/亩，于花生播后芽前，兑水45kg/亩，均匀喷施。

——第六章——
花生的收获与储藏

■ 花生收获

1. 成熟的标志

一般认为，地上部植株停止生长，中下部叶片由绿变黄并开始脱落，上部叶片昼开夜合的感夜运动不灵敏或消失，是花生成熟的标志。此外，主要看荚果的充实饱满度，据不同熟性品种的物候期，检查多数荚果已饱满为准。荚果饱满的标志是：外壳表皮由黄褐色变青褐色，多数荚果网纹明显；内果皮海绵组织变薄而破裂，并由白色变为带金属光泽的黑褐色；籽仁充实饱满，种皮显示该品种固有的本色。具有以上特征时可进行收获。覆膜花生一般比露地栽培的花生提早 7 ~ 10 天成熟，收获时间也应相应提早。

> ● 【提示】 一般珍珠豆型早熟品种的饱果指数达 75% 以上，中间型早中熟大果品种的饱果指数达 65% 以上，普通型中熟花生品种的饱果指数达 45% 以上，即为成熟的标志。

2. 收获适期

花生收获的适期必须从长相、荚果发育状况和气候变化等多方面综合判断，做到"三看一防"。一看地上长相，植株顶端不再生长，中部叶片大部分已能脱落，上部叶片变黄，傍晚时叶片不再闭合，表明植株已经衰老，应抓紧时间收获。二看荚果发育状况，拔起花生植株，多数荚果网纹清楚，剥开荚果，果壳内的海绵层有黑色光泽，籽粒饱满，种皮发红，表明已经成熟。三看自然气候变化，昼夜平均温度下降到 15℃ 以下时，花生荚果就不再继续生长，若推迟收获，则有害无益。一防是注意防冻，花生荚果水分未降到 10% 时，要注意防冻，受冻后，发芽率降低，品质下降。花生的收获要适时，收获过早，荚果不饱满，产量和含油均低；收获过晚，早熟的饱满荚果易脱落，籽仁内脂肪也易酸败，不仅收获费工，而且降低产量和品质。尤其是有些珍珠豆型品种，种子休眠期短，成熟期如遇干旱，荚果失水，很快打破休眠，再遇雨就立即带壳发芽，因此必须做到适时收获。正确判断花生收获适期除依据饱果指数外，还应该根据当地气候和品种熟性以及田间长相灵活掌握。因为气温过低荚果就不能鼓粒；植株上部鲜叶凋落太多，荚果不但不能再充实饱满，而且茎枝很快枯衰。如果每条茎枝鲜叶片少于 3 片，平均气温低于 15℃，花生饱果指数虽未达标，也应立即安排收获。花生的大田收获适期，北方春播大花生产区早中熟品种在 8 月下旬至 9 月中旬；麦套、夏播花生在 9 月下旬至 10 月上旬。长江流域春夏花生交作区，在 8 月上中旬。南方春秋两熟制花生区，春花生在 6 月下旬至 7 月中旬；秋花生在 11 月中旬至 12 月上旬。

3. 及时晒干

新鲜花生荚果含水量一般为 45%～55%。为保证荚果质量，避免霉烂变质，应及时晒干。花生安全储藏的中心问题是干燥，只要种子含水量低于 8%～10%，就可以入库储藏。据测定，种子含水量 6% 可耐 -30℃ 的低温；种子含水量 10% 经 -24℃ 75h，发芽率仍为 95%；含水量 31% 时，在 -60℃ 经 72h，发芽率只有 15%；含水量 45% 的种子，在 -2℃ 下 2h，发芽率可降至 65%。已脱壳的花生如不及时晒干，由于堆内温、湿度的增高，还易发热霉变。我国北方花生产区收刨后在田间就地铺晒的习惯值得推广。即收刨时将 3～4 行花生植株合并排成 1 行。根果向阳，这样株体将荚果架空，通气好，干得快。晒至五六成干，摇动有响声后，将茎叶向内、根果向外堆成小垛，继续在田间进行垛晒。这样既可使秸秆鲜绿，提高饲料质量，又便于往场上搬运。也有的将半干的花生运回场上堆垛或摘果。搬运时应选择早晨或阴天，以避免搬运中荚果掉落和茎叶破碎现象。摘果后荚果含水量仍然较高，摘干净茎叶等杂质后还要继续晾晒 1～

2天，然后再堆捂2昼夜，再摊晒放风，这样反复堆晒，使含水量降低到8%～10%为止。此时，手搓种皮易掉，牙咬种子有脆声，即可安全入仓。

二 花生储藏

花生种子在储藏期间仍在呼吸，常受水分、温度、湿度等外界条件及种子本身水分高低、杂质多少、品质好坏等因素的影响，如储藏不当，仍有受冻和霉变的可能。

1. 储藏与环境条件

安全储藏的关键是保持荚果干燥，以降低种子的呼吸代谢作用。种子含水量高时，细胞内会出现游离水，并使脂肪酶和其他酶的活性增强，呼吸作用加强，呼吸热也提高，使种子霉变。因此，安全储藏种子的含水量要在临界含水量以下。一般作物种子在25℃温度下，种子含水量不超过非油部分的15%，其种子的呼吸作用比较稳定。含油量越高，安全储藏的临界含水量越低。如花生种子含油率平均为46%，其临界含水量应为（1－46%）×15%＝8.1%，这就是说，安全含水量应在8%以下。温度的高低，对储藏期间的呼吸代谢活动也有一定影响。充分干燥的荚果，在自然储藏条件下，花生堆内温度随着气温的升降而变化。据试验，温度21.1℃荚果可保持优良品质6个月，籽仁可保持4个月；18.3℃荚果可安全储藏9个月，籽仁6个月；0～2.2℃种子可安全储藏2年；－12.2℃可安全储藏10年之久。种子含水量8%、堆温在20℃以下，脂肪酸含量一般变化不大，超过20℃时，温度越高，酶的活性越大，酸价越高，分解作用也慢慢加强，长期储藏后，种子易丧失发芽力。

2. 储藏的注意事项

花生安全储藏的荚果含水量为7%～9%。直接鉴定的方法是：手摇荚果响声坚脆，咬食种仁感到硬脆，手搓种仁时，种衣即脱。

花生储藏场所的气温在9℃左右、种子含水量在11%时，堆垛底部就会发热，出油率降低；种子含水量在13%、温度超过17℃，就开始生真菌，若超过20℃就霉坏变质。即使种子含水量在安全储藏水分界限之下，在－25℃严寒中也会受冻。若超过安全水分界限，种子在－3℃条件下即能受冻变质。因此，花生在储藏期间，必须干燥、通风，若发现种子含水量超过安全界限或种堆温度升高，就应及时翻仓晾晒，以确保花生种子的安全储藏。

花生储藏过程中，为防止霉败、虫蛀、鼠咬，要定期检查。如发现种子水分、温度超过安全界限时，必须在晴天或空气干燥时打开门窗通气或晾晒。良好的通风条件，可使种子堆内产生的热、水、二氧化碳不易积聚，起到降温散湿的作用。种用花生以存放荚果为好，果壳可以起到防湿保暖的作用，留种花生剥壳时间距播种越近越好。

第七章
花生高效栽培实例

第一节　春花生高效栽培实例

——以山东省烟台市春花生亩产650kg高效攻关技术为例

一　适宜地块选择

应选择土层深厚（1m以上）、耕作层肥沃、多年未种过花生的沙壤土。0～17cm耕作层有机质含量1.1%以上、全氮0.08%以上、全磷0.1%以上、碱解氮100mg/kg以上、速效钾150mg/kg以上。地势平坦，排灌方便。

二　优良品种选用

品种增产潜力大；种子果实饱满（纯度为99%以上）。适宜的品种有鲁花11号、鲁花14号、花育23号、花育25号、潍花8号、丰花1号、丰花5号等。

三　开展平衡施肥

根据每生产100kg花生荚果所吸收的氮、磷、钾三要素的数量，每亩施纯氮15～17kg，五氧化二磷12～14kg，氧化钾15～20kg。在上述土壤条件下，施优质圈肥5000～6000kg，尿素17～20kg，过磷酸钙（含五氧化二磷12%）80～100kg，硫酸钾（含氧化钾50%）20～30kg。将全部有机肥、钾肥及2/3的氮、磷化肥结合冬前或早春耕地施于耕作层内，剩余1/3氮磷化肥在起垄时包施在垄内。

四 进行合理密植

采用起垄双行覆膜种植方式。垄距 85~90cm，垄高 10cm，垄面宽 55~60cm，垄上小行距 35~40cm，穴距 15~16cm，每亩播种 10000~11000 穴，每穴 2 粒。

五 提高播种质量

1. 严格选种

高产攻关田的种子要经过"三选"，即收获时选株，选具有本品种特征特性、结果多、荚果整齐饱满的植株，摘果留种；剥壳前选果，选典型的双仁饱果进行剥壳；剥壳后选粒，选皮色好、粒大粒饱的一级米做种。

2. 精细播种

春播大花生适宜播期为 5cm 地温稳定在 15℃以上，烟台地区地膜覆盖栽培条件下，一般为 5 月上旬。按要求规格起垄后，在垄上开两条 3~4cm 的沟，沟心距垄边 10~12cm。随即按预定密度要求每穴 2 粒种子顺垄平放，再用"辛拌磷"农药盖种（每亩用药 0.5kg），然后覆土，耙平畦面，用小钩镢或穿沟犁将垄两边切齐，随后在垄上、两边均匀喷施乙草胺，每亩用药 100mL，兑水 50~60kg。随喷随覆膜，膜面要拉平，膜边要压实。一定要做到足墒播种，以保证苗全、苗齐、苗壮。

六 加强田间管理

1. 前期管理

当花生幼苗顶土可辨穴迹时，取畦沟土，在播穴膜上加盖 5cm 高的小土堆，当子叶节升到垄（膜）面时，应及时将土堆撤回畦沟，子叶自行升到膜面以上。在花生苗期应注意及时防治蚜虫和蓟马，以免产生危害。

2. 中期管理

花生开花到饱果期前，田间管理的主攻方向是确保地上部和地下部协调稳健生长。重点抓好以下几个环节：一是及时防治病虫害，当植株叶斑病病叶率达 5%时（一般 7 月上中旬），叶面喷施 500 倍的多菌灵加代森锰锌的混配剂，连喷 3~4 次，间隔 12~15 天，以防主要叶部病害；7～8月高温多湿期，若发现棉铃虫等为害，应及时用万灵、棉铃宝等药剂防治；结荚期若发现地下蛴螬、金针虫等为害，可用辛硫磷等农药灌穴。二是遇旱浇水，结荚后期注意排涝。在花生盛花期和下针结荚期若土壤干旱，应及时浇水以保有效结果数和荚果充分膨大。三是采用化控技术，协调茎叶生长和荚果生长的关系。攻关田肥水条件好，密度较大，植株常易徒长，应在下针后期到结荚初期用壮饱安、多效唑等植物生长调节剂加以控制。四是在下针后期（7月中旬），于花生株际膜上10cm结荚范围内撒1cm厚的薄土层，以扶持高位果针入土，增加结实率。

3. 后期管理

花生后期管理的主攻方向是防止植株早衰，促进果大果饱。重点抓好以下几个环节：一是继续防治病虫害；二是进行叶面追肥；三是及时排涝，防止烂果；四是如遇秋旱，应适量浇水，确保生根层不缺水即可；五是及时收获，减少或避免伏果、芽果和烂果发生。

第二节　丘陵旱地花生露地高产栽培实例

——以湖南省邵阳县花生亩产421.1kg高效攻关技术为例

一　适宜地块选择

前作为玉米冬闲田，质地为轻质沙壤，肥力中等偏上，年前冬翻晒垡，3月下旬翻耕整地，整地做到充分捣碎整平耙细。

二　适应性强的花生品种

大花生品种湘花2008为珍珠豆型与普通型杂交衍生的中间型品种，参加湖南省多点试验，荚果每亩平均产量406.9kg，具有500kg的产量潜力。单株结果14.3个，单株饱果9.9个，百果重204.1g，百仁重92.8g，单株生产力23.97g。

三　开展平衡施肥

遵循"前促、中控、后保"的原则，进行栽培调控管理。施足有机肥和磷、钾肥，增施石灰（补钙、土壤消毒、调酸），适量施用钼、硼、镁等微肥。主要肥料一次性基施，中等地力耕地播种时一般每亩施用含 45% ~ 48% 的氮、磷、钾复合肥 30kg，翻耕土地时（播种前 15 天以上）施生石灰粉 50kg；瘠薄地或新垦荒地每亩增施腐熟农家肥 1000kg 或饼肥 100kg，生石灰粉 75 ~ 100kg。

四 精细选种

播种前选择晴好天气晒种 1 ~ 2 天，以增强种子吸水能力和提高发芽势，晒种后在播种前 2 ~ 3 天剥壳，剔除病斑、霉变、虫伤、破损、瘦小和杂色种仁，并将种仁密封保存待播。播种时每亩用 70% 甲基硫菌灵（甲基托布津）100g 拌种。先用 750g 清水将药剂搅匀稀释，然后再均匀拌种，晾干后即行播种，可有效地防治苗期病害，加速出苗、齐苗，提高出苗率和确保一播全苗。

五 合理密植

根据花生对气候条件的要求和邵阳县的具体情况，以土壤 5cm 内地温稳定在 12℃ 以上时即行播种。该县露地栽培花生一般在 4 月初（4 月 6 日）雨过初晴时抢好天播种为宜。

土壤墒情适宜时进行播种，播种后在穴间亩施 45%（氮:磷:钾 = 14:16:15）三元复合肥 35kg 作底肥，并保持化肥与种仁之间距离 5 ~ 7cm 以上，为防化肥与种仁直接接触而烂种死苗。本土覆盖，盖种厚度 2 ~ 3cm，防止盖种过厚和土块过粗而影响种子出苗。平均行距 35cm，株距 22cm，每穴 3 粒，每穴成苗 2.4 株，每亩 2.08 万株。

六 加强田间管理

该县土壤中硼、钼、锌等微量元素普遍缺乏。本试验地块全面推广了该项技术，播种时在播种沟内每亩拌细土撒施硼砂 500g、一水硫酸锌 1500g、钼酸铵 200g，同时，分厢每亩撒施生石灰粉 50kg，有效地满足了花生对各种营养元素的需求。

1. 中耕除草

播种盖土后于土壤表面喷施乙草胺防治前期杂草，并在 5 月下旬花生封行以前进行 1 次中耕除草，并适当结合培土迎针。

2. 化学调控

在盛花末期每亩用多效唑 50g 兑水 50kg 叶面喷施，防止植株徒长倒伏，改善后期通风透光条件和生长环境，增加光合产物积累。

　　3. 抗旱保水

　　在中后期遇干旱时及时灌"跑马水"，防旱抗旱。

　　4. 病虫害防治

　　苗期注意防治地老虎和茎腐病、根腐病，中后期注意防治白绢病和叶斑病。播种时先在播种沟内喷施毒死蜱，再播种盖土，防治中后期蛴螬危害。4月底用速灭杀丁、杀虫王稀释药液粗水喷施幼苗基部防治地老虎。防治茎腐病、根腐病采用甲基托布津拌种。7月中旬用代森锰锌、真菌散稀释药液防治后期白绢病、叶斑病等，有效地控制病虫为害，确保高产丰收。

附录　常见计量单位名称与符号对照表

量 的 名 称	单 位 名 称	单 位 符 号
长度	千米	km
	米	m
	厘米	cm
	毫米	mm
面积	公顷	ha
	平方千米（平方公里）	km^2
	平方米	m^2
体积	立方米	m^3
	升	L
	毫升	mL
质量	吨	t
	千克（公斤）	kg
	克	g
	毫克	mg
物质的量	摩尔	mol
时间	小时	h
	分	min
	秒	s
温度	摄氏度	℃
平面角	度	(°)
能量，热量	兆焦	MJ
	千焦	kJ
	焦［耳］	J
功率	瓦［特］	W
	千瓦［特］	kW
电压	伏［特］	V
压力，压强	帕［斯卡］	Pa
电流	安［培］	A

参 考 文 献

[1] 官春云. 现代作物栽培学 [M]. 北京：高等教育出版社，2011.

[2] 王铭伦，王月福，姜德峰. 花生标准化生产技术 [M]. 北京：金盾出版社，2009.

[3] 徐秀娟. 中国花生病虫草鼠害 [M]. 北京：中国农业出版社，2009.

[4] 郑奕雄. 南方花生产业技术学 [M]. 广州：中山大学出版社，2009.

[5] 万书波. 中国花生栽培学 [M]. 上海：上海科学技术出版社，2003.

[6] 山东省花生研究所. 中国花生栽培学 [M]. 上海：上海科学技术出版社，1982.

[7] 陈有庆，王海鸥，彭宝良，等. 我国花生主产区种植模式概况 [J]. 中国农机化，2011，238 (6)：66-69.

[8] 崔新倩. 花生田杂草化学防除现状及趋势 [J]. 农药科学与管理，2011，32 (12)：50-53.

[9] 董文召，张新友，韩锁义，等. 中国花生发展及主产区的演变特征分析 [J]. 中国农业科技导报，2012，14 (2)：47-55.

[10] 方越，沈雪峰，陈勇. 90% 乙草胺乳油防治花生田杂草药效试验初报 [J]. 中国农学通报，2012，28 (9)：200-204.

[11] 冯烨，郭峰，李新国，等. 我国花生栽培模式的演变与发展 [J]. 山东农业科学，2013，45 (1)：133-136.

[12] 陆恒，陈炳旭，董易之，等. 广东花生主要害虫种类及防治措施 [J]. 广东农业科学，2010 (8)：123-125.

[13] 万勇善，张高英，李向东，等. 夏直播花生高产途径和配套栽培技术 [J]. 中国油料作物学报，1998 (3)：43-47.

[14] 周桂元，梁炫强. 广东花生产业发展现状、存在问题及对策建议 [J]. 花生学报，2010，39 (1)：36-41.